弘深·科学技术文库

多目标分布估计算法及其在图像配准上的应用

/

A Study on Multi-objective Estimation of Distribution Algorithm and its Application in Image Registration

石美凤 著

重庆大学出版社

内容简介

在现实生活和科技领域中,大多数科学和工程问题都存在多个相互冲突的目标,如何求解这些问题的最优解,一直都是学术界和工程界关注的焦点。本书将多目标优化问题作为研究对象,多目标分布估计算法作为研究工具,对解决多目标优化问题的分布估计算法进行了深入的研究;并利用多目标优化算法对重庆文化遗产大足石刻数字图像修复工作中的图像配准问题进行了应用研究,设计实现了多图自动拼接系统。该系统可作为通用图像配准和拼接系统应用于各类需求中。

本书可作为从事计算智能、多目标优化或图像处理等领域研究人员的参考书,或适用于研究生教学,作为高等院校相关专业的研究生教材。

图书在版编目(CIP)数据

多目标分布估计算法及其在图像配准上的应用 / 石
美凤著. —— 重庆:重庆大学出版社,2023.1
ISBN 978-7-5689-3687-3

Ⅰ.①多⋯ Ⅱ.①石⋯ Ⅲ.①多目标(数学)—最优化
算法—应用—图像处理—研究 Ⅳ.①O224②TN911.73
中国国家版本馆 CIP 数据核字(2023)第 007365 号

多目标分布估计算法及其在图像配准上的应用
DUOMUBIAO FENBU GUJI SUANFA JI QIZAI TUXIANG PEIZHUNSHANG DE YINGYONG

石美凤 著

策划编辑:杨粮菊

特约编辑:郭 飞

责任编辑:杨粮菊 版式设计:杨粮菊
责任校对:刘志刚 责任印制:张 策

*

重庆大学出版社出版发行
出版人:饶帮华
社址:重庆市沙坪坝区大学城西路 21 号
邮编:401331
电话:(023) 88617190 88617185(中小学)
传真:(023) 88617186 88617166
网址:http://www.cqup.com.cn
邮箱:fxk@ cqup.com.cn(营销中心)
全国新华书店经销
重庆升光电力印务有限公司印刷

*

开本:720mm×1020mm 1/16 印张:12.75 字数:183 千
2023 年 1 月第 1 版 2023 年 1 月第 1 次印刷
印数:1—1 000
ISBN 978-7-5689-3687-3 定价:88.00 元

前 言

　　信息科学技术的发展，为现代文明提供了基础。计算机、通信技术以及互联网的普及，本质上改变了人类的生活。在此背景下，国务院早在 2017 年就印发了《新一代人工智能发展规划》（国发〔2017〕35 号），将人工智能提升至国家战略高度。随着 21 世纪信息科学的进一步发展，机器学习和人工智能等领域的兴起，掀起了一场科学技术的革命。依赖于新原理和方法的开拓，现实生活中各类问题的解决也逐渐被新技术所覆盖。

　　多目标优化问题作为现实生活和科技领域中客观存在的问题，是各行各业亟待解决的实际难题，更加需要结合新兴技术、研究科学方法以及信息科学与其他学科的交叉互动来解决。如本书提到的现实应用——大足石刻数字化保护工作中的图像配准子任务，正是信息技术在解决世界文化遗产保护工作中的实际问题的具体应用。作者将多目标优化问题作为研究对象，多目标分布估计算法为研究工具，对解决多目标优化问题的分布估计算法进行了深入的研究，并针对重庆文化遗产大足石刻数字图像修复工作中的图像配准问题，对多目标优化算法进行了应用研究。同时，立足于现实生活和科技领域的实际需要，并为推动多目标优化技术在交叉领域的进一步应用，作者将多目标优化问题的问题研究、求解算法设计和应用建模研究等内容编撰成书，希望对相关领域的研究者和学习者有所帮助。

　　本书有以下几个特点：①注重针对性。本书主要针对多目标优化、进化计算和图像处理等领域的研究者和学习者之用，可作为参考书或相关领域研究生的教材。②突出科研特色。本书 3 ~ 5 章从科研的角度出发，着重介绍了两个多目标优化算法的设计动机与思路以及图像配准中的多目标建模方案，有助于启发读者的科研思维。③适合自学，辅助教学。本书各章节内容循序渐进，力求相关领域研读者了解相关背景知识、多目标优化问题的本质、求解算法的设计与改进策略、实际问题的多目标建模以及相关系统的设计与开发等关键内容，指导性强。

本书的编写参考了诸多相关资料，在此对所引用文献的相关作者表示衷心的感谢，由于个人水平有限，书中难免存在疏漏之处，欢迎读者批评指正。

著　者

2022 年 2 月

目　录

1　绪论 ……………………………………………………………… 1

1.1　引言 ……………………………………………………………… 1

1.2　多目标优化问题概述 …………………………………………… 2

1.3　分布估计算法概述 ……………………………………………… 6

1.4　本书主要研究内容及创新点 …………………………………… 16

1.4.1　主要研究内容 ………………………………………… 16

1.4.2　创新点 ………………………………………………… 18

1.5　本书的组织结构 ………………………………………………… 21

2　背景知识介绍 ……………………………………………………… 24

2.1　多目标分布估计算法 …………………………………………… 24

2.1.1　EDA 基本框架 ………………………………………… 24

2.1.2　多目标 EDA 结构 ……………………………………… 26

2.2　多目标优化算法性能评价指标 ………………………………… 30

2.3　Wilcoxon 符号秩和检验法 …………………………………… 33

2.4　图像配准 ………………………………………………………… 35

2.4.1　基于变换域的图像配准 ……………………………… 36

2.4.2　基于特征的图像配准 ………………………………… 38

2.4.3　基于 ORB 的图像配准 ……………………………… 43

2.5　本章小结 ………………………………………………………… 44

3　基于规则模型的无聚类多目标分布估计算法 ………………… 46

3.1　引言 ……………………………………………………………… 46

3.2　RM-MEDA 算法 ………………………………………………… 47

3.3　基于规则模型的无聚类多目标分布估计算法 ………………… 50

3.3.1　RM-MEDA 的类别数分析 ·········· 50

3.3.2　去聚类操作 ·········· 55

3.3.3　全变量高斯模型 ·········· 57

3.3.4　FRM-MEDA 算法 ·········· 59

3.4　实验 ·········· 62

3.4.1　测试函数 ·········· 62

3.4.2　实验设置 ·········· 64

3.4.3　实验结果及分析 ·········· 65

3.5　本章小结 ·········· 81

4　基于社会变革模型的多目标分布估计算法 ·········· 82

4.1　引言 ·········· 82

4.2　社会变革模型 ·········· 84

4.2.1　社会变革模型的构建 ·········· 84

4.2.2　社会变革模型中的催化因子 ·········· 87

4.3　基于社会变革模型的多目标优化框架 ·········· 88

4.4　基于社会变革模型的多目标分布估计算法 ·········· 90

4.4.1　SR-MEDA-VL 算法 ·········· 90

4.4.2　SR-MEDA-ZDT 算法 ·········· 93

4.5　实验 ·········· 98

4.5.1　实验设置 ·········· 98

4.5.2　实验结果及分析 ·········· 100

4.6　本章小结 ·········· 117

5　多目标分布估计算法在图像配准中的应用 ·········· 118

5.1　引言 ·········· 118

5.2　基于多目标优化的图像配准方法 ·········· 119

5.2.1　模型参数估计存在的问题 ·········· 119

5.2.2　多目标模型的建立 ·········· 121

5.2.3 多目标模型的求解 ……………………… 122

5.3 MO-IRM 在大足石刻图像配准上的应用 …… 124

5.4 实验 …………………………………………… 126

5.4.1 实验设置 ……………………………… 126

5.4.2 结果及分析 …………………………… 128

5.5 本章小结 ……………………………………… 135

6 多图自动拼接系统设计与实现 ………………… 136

6.1 引言 …………………………………………… 136

6.2 多图自动拼接的必要性 ……………………… 137

6.2.1 大足石刻现状 ………………………… 138

6.2.2 数字图像配准及修复 ………………… 140

6.3 多图配准策略 ………………………………… 144

6.3.1 基于优先权的多图自动配准策略 …… 144

6.3.2 基于最大生成树的多图自动配准策略 … 145

6.3.3 多图自动配准流程 …………………… 145

6.4 多图自动拼接系统 …………………………… 146

6.4.1 OpenCV 简介 ………………………… 146

6.4.2 MFC 简介 ……………………………… 149

6.4.3 多图自动配准系统设计与实现 ……… 153

6.5 本章小结 ……………………………………… 167

7 总结与展望 ……………………………………… 168

7.1 主要结论 ……………………………………… 168

7.2 后续工作展望 ………………………………… 170

附录 缩略语对照表 ……………………………… 173

参考文献 …………………………………………… 175

后记 ………………………………………………… 195

1 绪 论

1.1 引 言

在现实生活和生产实践中,人们经常会遇到一些由相互冲突、相互影响的多个目标组成的优化问题,这些优化问题要求人们同时对多个目标进行尽可能的优化。我们把这些普遍存在两个或者两个以上需要被同时优化的目标的问题称为多目标优化问题(Multi-objective Optimization Problems, MOPs)。多目标优化问题在科学研究上(如约束优化、动态优化和博弈策略等)和实际工程应用中(如多宇宙量子计算和图像处理等方面)都具有广泛的应用,并且处于重要地位。不同于单目标优化问题,多目标优化问题求解起来非常困难,科研人员经常需要投入大量的精力才能很好地解决这类问题。因此,近年来求解 MOPs 已经逐步成为一个非常热门且具有重要科研价值和重大实际意义的研究课题。

与单目标优化具有唯一最优解不一样,在求解 MOPs 时是无法获得一个可以确保问题中的所有目标都能够实现最优化的解,算法只能求解得到一个保证相关解具有偏序关系的最优解集合,称为 Pareto 最优解集。Pareto 最优解集的解对于某个目标来说如果是一个使该目标最优化的优秀解,那么对于其他的目标,就非常有可能是一个无法优化相关目标的劣质解。因此,优化算法在求解 MOPs 时,只能获得一个在多个目标之间进行权衡、协调,最终能够保证所有的目标都尽可能达到最优的折中解集,这也是求解多目标优化问题困难的原因。

并且,又因为基于数学规划原理的多目标优化方法在实际优化问题中经常表现得很脆弱,因此研究求解多目标优化问题的高效算法是很有必要的。现有的多目标测试集有 Deb 的测试集(Deb's Toolkit),ZDT 系列(ZDT Test Suite),DTLZ 系列(DTLZ Test Suite)以及 WFG 系列(WFG Test Suite)等,其中 Deb 的测试集和 ZDT 系列是双目标测试函数,DTLZ 和 WFG 系列均为可扩展至高维的多目标测试函数。当前的测试函数基本都是人工构造的,这为算法综合性能测试提供了许多凌驾于实际生活问题上的优势。上述的测试集中,有很多函数都是有欺骗性和连锁的,采用传统的进化算法可以求解一部分相对简单的测试函数,但是对于更复杂的测试函数,实验表明分布估计算法能够在各方面都取得更好的性能。

分布估计算法(Estimation of Distribution Algorithms,EDAs)是近年来进化计算领域的研究者们提出的一种基于机器学习理论的新型优化算法。机器学习是计算机科学和人工智能的一个重要领域,是一门涉及统计学、概率论、计算复杂性和凸分析等多个学科的多领域交叉学科。基于机器学习理论的 EDAs 与传统的进化算法有很大的差异,在 EDAs 中没有遗传算子,它是通过建立概率模型来刻画种群的分布,再对概率模型进行采样产生新个体、生成新种群,而不是使用传统进化算法的交叉、变异操作等基于个体之间信息交流的方式来产生新个体、生成新种群。与传统的进化算法模拟个体之间的微观变化相比,分布估计算法以一种整体进化的方式对群体的分布进行建模和模拟。近年来,分布估计算法在各方面都取得了很大的进展,已经成为多目标优化算法的研究热点之一。

1.2　多目标优化问题概述

以最小化问题为例,在多目标优化领域,被广泛使用和普遍接受的多目标优化问题 MOP 的定义如下。

定义 1.1：一般 MOP 由 n 个决策变量、M 个目标函数和 K 种约束条件组成，最优化目标如下。

$$\mathrm{min} y = f(x) = [f_1(x), f_2(x), \cdots, f_M(x)]$$

$$s.t.$$

$$g_i(x) \leqslant 0, \quad i = 1, 2, \cdots, p \qquad (1.1)$$

$$h_i(x) = 0, \quad i = 1, 2, \cdots, q$$

式（1.1）中，$x = (x_1, x_2, \cdots, x_n) \in \boldsymbol{D}$ 表示决策变量；$y = (f_1, f_2, \cdots, f_M) \in \boldsymbol{Y}$ 表示目标向量；$\boldsymbol{D}$ 为决策变量形成的决策空间；$\boldsymbol{Y}$ 为目标向量形成的目标空间。$g_i(x)$ 为不等式约束，$h_i(x)$ 为等式约束。

由于在求解多目标优化问题时，无法求得全局最优解，只能获得一个尽可能使多个目标都达到最优的平衡折中解集，因此需要明确折中原则。折中原则一般考虑多个目标之间的关系，其中两个最重要的特点为不可公度性和不相容性。不可公度性包含两个方面：第一，各目标函数没有统一的量纲；第二，各目标函数值的数量级不一致。不可公度性使得目标函数之间难以进行比较。而不相容性是指由于多目标问题本身的特性（约束条件集合），导致选择的可行解改善了某个目标函数的值，却使另一个目标函数的值变差。求解多目标优化问题只能得到这种平衡折中解集，被称为 Pareto 最优解集。决策者可以根据具体的实际问题需求和偏好从 Pareto 最优解集中选择一部分解来投入应用。

定义 1.2：

①Pareto 支配：解 x^0 支配解 x^1 记为 $x^0 < x^1$，当且仅当

$$f_i(x^0) \leqslant f_i(x^1), i = 1, 2, \cdots, M \qquad (1.2)$$

$$f_i(x^0) < f_i(x^1), \exists i \in \{1, 2, \cdots, M\} \qquad (1.3)$$

②Pareto 最优解：如果解 x^0 是 Pareto 最优解，当且仅当

$$\neg \ \exists x^1 : x^1 < x^0 \qquad (1.4)$$

③Pareto 最优解集：如果所有 Pareto 最优解的集合

$$PS = \{x^0 \mid \neg \ \exists x^1 < x^0\} \qquad (1.5)$$

④Pareto 最优前沿:Pareto 最优解集所对应的目标函数值形成的区域,记为 PF:

$$PF = \{f(x) = (f_1(x), f_2(x), \cdots, f_M(x)) \mid x \in PS\} \tag{1.6}$$

以最小化双目标优化问题为例子,图 1.1 给出了受支配解与非支配解在目标空间 Y 中的相互关系。

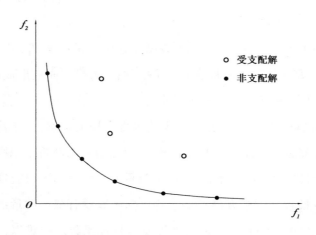

图 1.1　受支配解与非支配解在目标空间的关系

从图 1.1 可以看出,如果一个解不受它所在的解集内的任意一个解支配,则可以称这个解为非支配解。所有非支配解组成的解集即为非支配解集。多目标优化的搜索过程是一个在每一代种群中寻找非支配解集,再通过传统进化手段或者新型进化方式来更新非支配解集,使非支配解集不断逼近最优 Pareto 解集,最终输出当前最优非支配解集的过程。

在研究的初始阶段,并没有求解 MOPs 的独立算法。一般情况下,是利用某种方式为 MOPs 中的各个目标函数分配权值,再将所有带权值的目标组合起来形成一个对应于原始 MOPs 的单目标优化问题。权值的分配有很多种方式,可以根据具体问题和具体的应用要求来设计具有针对性的权值分配方案。通过这种转换方式,就可以使用成熟的单目标优化算法来求解转换之后的 MOPs。然而,这类对多目标优化问题转化处理的方法具有一个致命的缺陷,即只能求解得到某一种具体权值设置下的最优解,从而大大地影响算法的求解效率。因此,Schaffeer 等于 1985 年首次开创性地提出了一个基于矢量评价策略的 VEGA(Vector Evaluated Genetic Algorithm)算法来求解多目标优化问题。这对于后来研究多目标优化问题的学者来说具有很多大的启发和指导意义。20 世纪 90 年代,就有一大批用于求解不同多目标优化问题的多目标进化算法应运而生。如 Fleming 等提出的多目标遗传算法 MOGA(Multi-objective Genetic Algorithm),Deb 等提出的一个基于 Pareto 非支配排序的 NSGA(Non-Dominated Sorting Genetic Algorithm)算法和 Hom 等提出的小生镜 Pareto 遗传算法 NGGA(Niched Pareto Genetic Algorithm)等。这些多目标进化算法的思想均源于 Goldberg 的创新性想法,被称为第一代进化多目标优化算法。后来随着多目标优化算法的发展又涌现出很多改进的或者新的进化多目标优化算法。它们都基于一些新的策略,如聚类策略、拥挤距离计算和空间超格策略等。这些算法包括:Zitzler 等提出的 SPEA(Strength Pareto Evolutionary Algorithm)算法和在 2001 年对原算法进行改进的版本 SPEA2;在 2000 年,Knowles 等结合了 Pareto 非支配排序和档案存储策略提出了 PAES(Pareto Archived Evolution Strategy)算法,并分别在 2000 年和 2001 年给出了相应的改进版本 PESA(Pareto Envelope-based Selection Algorithm)和 PAES-Ⅱ;Erichson 等提出的 NPGA 的改进版本 NPGA2;Coello 等人提出的 Micro-GA(Micro-Genetic Algorithm)算法和 Deb 等人提出的 NSGA 的改进版本 NSGA-Ⅱ等。这些算法的共同特点是基于种群个体交叉变异以产生新个体、生成新种群的方式来实现种群进化。然而,这样的基于种群个体的进化策略在处理一些具有特殊性质的多目标优化问题时,优化效果不太理想。因此,一类利用统计学习方法对种群进行分析从而使其达到整体进化的优化算法,分布估计算法 EDAs(Estimation of Distribution Algorithms)应运而生,并于 2002 年第一次由 M. Laumanns 等引入多目标优化领域。

1.3　分布估计算法概述

分布估计算法(Estimation of Distribution Algorithm,EDA)是近年来在进化计算领域发展得如火如荼的新型进化优化算法,具有全新的进化模式,它抛弃了传统的交叉、变异算子,而直接采用概率模型或者其他结合实际问题提出的统计模型来描述整体特性。由于EDA本身所具有的优秀特性,如模型的自适应和自学习等使它在求解很多实际的多目标优化问题时比传统的进化算法更优越。并且,基于EDA的多目标优化算法并不需要为每一个待解决的多目标优化问题设计编码方式,这使得算法更容易被编码实现,从而具有广泛的应用空间。

EDA是基于统计学原理的随机优化算法,EDA的概念最初形成于1996年,并在21世纪初期发展迅速,最终快速地在进化计算领域占有一席之地。目前关于EDA的相关理论研究及工程应用已取得了不少成果。EDA归根结底是遗传算法GA(Genetic Algorithm)与统计学习结合的产物。GA属于传统的进化算法,它的基本过程可以描述为:首先采用随机的方式对种群进行初始化操作,然后对种群进行排序并选择出优秀个体,然后采用交叉、变异等算子对选择的个体进行进化操作以得到新的解。经过多代进化,种群中个体的适应度不断提高,从而不断逼近优化问题的最优Pareto解集。而EDA的一般过程则是:①随机初始化种群;②建立概率模型来刻画种群的分布;③针对具体概率模型选择适当的采样方法对模型进行随机采样以生成服从当前概率分布的新个体;④按照某种策略重组新一代种群用于下一轮进化。如此反复迭代,最终实现种群的群体进化。可以看到,在EDA的过程中,并未用到传统的进化算子,而是直接利用数学模型对整个种群建模。因此,在EDA的进化过程中,算法始终描述的是种群的群体进化趋势,而非传统的个体进化带动整体进化。因此,如果说GA更关注群体中的个体,是从个体进化导致群体进化的"微观"角度来描述群体的进化过程的话,那么,EDA 则是对生物进化"宏观"层面上的数学建模。另外,EDAs 与大多数传统进化算法的最主要区别在于:EDAs 中的概率模型是显式的,而传统进化算法中的分布则是隐式的。EDA 与 GA 的区别可以总结如图1.2所示。

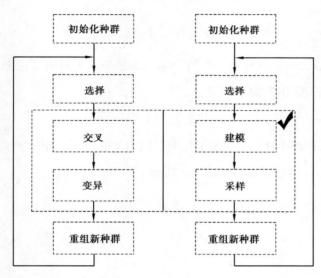

图 1.2 EDA(右)与 GA(左)的区别

毫无疑问,在分布估计算法中,概率模型是核心,它对分布估计算法的效率和适应性有着重要的影响。在概率模型的建立过程中,可以按照不同的变量关系,将模型建立为不同的形式,主要分为 3 大类,即变量无关的 EDA、双变量相关的 EDA 以及多变量相关 EDA。虽然,EDA 的概念形成于 1996 年,但是早在 1994 年美国卡耐基梅隆大学的学者 Baluja 已经提出了后来被公认为最早的 EDA 算法的 PBIL(Population Based Incremental Learning)算法。PBIL 正是针对变量无关的问题提出的,用以解决二进制编码的优化问题,随后被 Sebag 等人于 1998 年推广以求解具有连续空间的优化问题。其他针对变量无关的问题提出比较有代表性的 EDA 算法包括德国学者 Mühlenbein 在 1996 年提出的 UMDA(Univariate Marginal Distribution Algorithm)算法和美国 UIUC 大学的 Harik 等研究人员在 1999 年提出的 cGA(compact Genetic Algorithm)算法等。在这些算法中并未考虑变量之间的相互关系,认为所有的变量都是相互独立的。因此,根据变量关系分类,PBIL、UMDA 和 cGA 算法被称为变量无关的 EDA。在变量无关的 EDA 中,种群中每个个体的概率仅由各自的概率决定,解空间的概率模型可以表示为:

$$p(x) = \prod_{i=1}^{n} p(x_i) \qquad (1.7)$$

其中,$x = (x_1, x_2, \cdots, x_n)$为种群中的个体。如果是求解具有二进制编码的优化问题,则概率模型为概率向量,即

$$p(x) = p(x_1), p(x_2), \cdots, p(x_n) \qquad (1.8)$$

其中,$p(x_i)$为种群个体第 i 个基因位上取值为 1 的概率。变量无关的分布估计算法的概率图模型可以表示如图 1.3 所示。

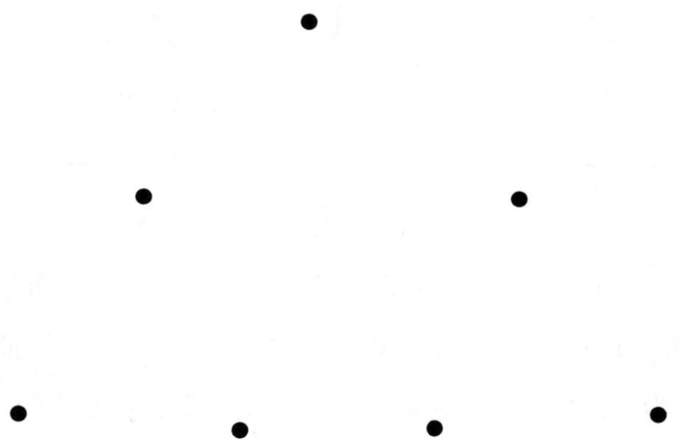

图 1.3　变量无关概率图模型

　　然而,实际应用中的问题并没有这么理想,变量不可能是完全独立的。因此,有学者从最简单的双变量相关开始研究变量相关的 EDA 以适应实际应用。在 1997 年,美国 MIT 人工智能实验室的学者 De Bonet 和他的团队提出了比较具有代表性的双变量相关的启发式 EDA 算法 MIMIC(Mutual Information Maximization for Input Clustering)。同在 1997 年,Baluja 等学者也提出了双变量相关的 EDA 算法 COMIT(Combining Optimizers with Mutual Information Trees)算

法。之后,在 1999 年,Pelikan 等人提出了 BMDA(Bivariate Marginal Distribution
Algorithm)算法等。提及的这些双变量相关的 EDA 均假设随机变量的依赖性
仅存在于两个变量之间。下面用 MIMIC 算法来举例说明。De Bonet 等人将算
法的概率图模型设计为链式结构,具体在图 1.4 中给出。

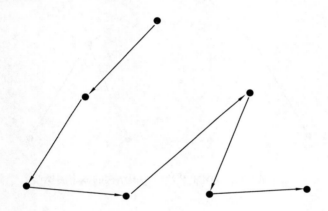

图 1.4　MIMIC 算法的链式结构概率图模型

基于链式结构的概率图模型,变量在解空间的概率模型可以描述为:

$$p^{\pi}(x) = p(x_{i_1} \mid x_{i_2})p(x_{i_2} \mid x_{i_3})\cdots p(x_{i_{n-1}} \mid x_{i_n})p(x_{i_n}) \qquad (1.9)$$

其中,$\pi = (i_1, i_2, \cdots, i_n)$ 为变量的一种排列,$p(x_{i_j} \mid x_{i_{j+1}})$ 表示第 $j+1$ 个变量的取
值为 $x_{i_{j+1}}$ 的条件下第 i_j 个变量的条件概率。

另外,基于双变量相关的分布估计算法的概率图模型还可以设计为树形结
构,如图 1.5 所示。

在树形结构下,变量在解空间的概率模型可以设计为:

$$p(x) = \prod_{i=1}^{n} p(x_i \mid \pi_i) \qquad (1.10)$$

其中 π_i 表示 x_i 的父节点,$p(x_i \mid \pi_i)$ 表示给定父节点下 x_i 的条件概率,如果 x_i 没
有父节点,则 $p(x_i \mid \pi_i) = p(x_i)$。在树形结构下,除了根节点外,每一个结点有
且仅有一个父节点。COMIT 算法的优化过程即为寻找最优树结构的过程。而
BMDA 的概率图模型则为森林结构。这显然比树形结构对种群的刻画更加合

理,因此 BMDA 的适用范围一般更广泛。森林结构即为一组树形结构,如图 1.6 所示。

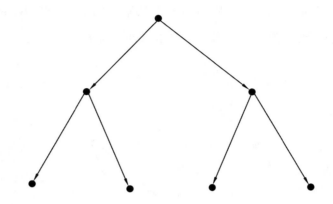

图 1.5　COMIT 算法中树形结构的概率图模型

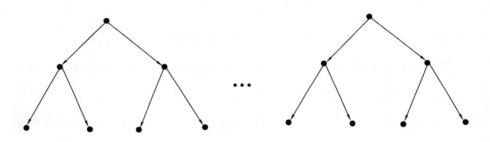

图 1.6　BMDA 算法中森林结构的概率图模型

　　虽然双变量的概率依赖关系已经比较复杂,但双变量相关问题却只是实际问题的一小部分,实际中待解决多目标优化问题大多数是多变量相关的。双变量相关模型已经不能够满足实际需求,因此,EDA 领域最常用的概率模型一般都是基于多变量相关的。多变量相关的分布估计算法中比较有代表性的算法包括由德国学者 Mühlenbein 于 1998 年提出的 FDA(Factorized Distribution Algorithm)算法、由美国 UIUC 大学的 Pelikan 等于 1998 年提出的 BOA(Bayesian Optimization Algorithm)算法(2005 年 Pelikan 出版了关于 BOA 算法的第一本专著)、由美国 UIUC 大学的 Harik 等提出的 cGA 的改进版本 ECGA(Extended

Compact Genetic Algorithm)算法、2000 年西班牙学者 Larrañaga 及其团队提出的 EBNA(Estimation of Bayesian Network Algorithm)算法以及德国学者 Jiri 于 2002 年提出的 LFDA(Learning Factorized Distribution Algorithm)算法等。在多变量相关的 EDA 中,变量之间的关系更加复杂,需要建立的概率模型也相应地更加复杂,这样才能够更加准确地描述实际问题的解空间。这就使得用于建立多变量相关的概率模型的学习算法也相应地变得更加复杂。例如在 BOA 的概率模型采用的是贝叶斯网络。如图 1.7 所示,在 BOA 算法中,用有向无环图来表示变量之间的相互关系。

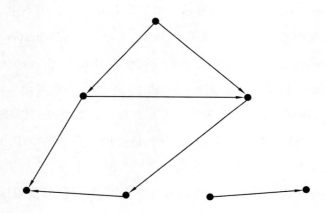

图 1.7 BOA 算法的贝叶斯网络概率图模型

在贝叶斯网络下,随机变量的联合概率分布可表示为:

$$p(X) = \prod_{i=1}^{n} p(X_i \mid \Pi_i) \tag{1.11}$$

其中,$X = (X_1, X_2, \cdots, X_n)$ 代表多目标优化问题的一个解,Π_i 表示在贝叶斯网络中 X_i 的父节点集合,而 $p(X_i \mid \Pi_i)$ 则代表在给定 Π_i 的条件下 X_i 取值的条件概率。从图 1.7 中可以观测到,贝叶斯网络可以描述更加通用的变量关系,因此,基于贝叶斯网络概率图模型的多变量相关的分布估计算法具有更广泛的应用。但是模型的复杂度和计算量也会急剧地增加。

对于分布估计算法的分类,除了按照变量之间的相关性之外,还可以根据编码的方式,将 EDA 分为连续域的 EDA 和离散域的 EDA。其中,连续域的分布估计算法的编码方式是实数编码,而离散域的 EDA 的编码方式是二进制编码或者整数编码。因此,根据编码方式的不同,离散域的和连续域的 EDA 只能分别求解离散空间的搜索问题和连续空间的优化问题。相对来说,连续域 EDA 更具普遍意义。但是实际上,连续域的 EDA 是以离散域的 EDA 为基础而发展的,它的很多思想都来源或借鉴于离散域的 EDA。例如:变量无关连续 EDA 算法包括对 UMDA 扩展的 UMDAc 算法、由 PBIL 扩展而来的 PBILc 算法、1996 年由学者 Rudlof 提出的 SHCLVND 算法(Stochastic Hill Climbing with Learning by Vectors of Normal Distributions)以及由日本学者 Tsutsui 于 2001 年提出的用直方图分布作为概率模型的 EDA 算法等。2000 年的 EGNA(Estimation of Gaussian Networks Algorithm)算法、2001 年的 IDEA(Iterated Density Estimation Algorithm)算法以及 2009 年出现的 EMNA 算法(Estimation of Multivariate Normal Algorithm)等都是经典的连续域多变量相关的 EDA。然而,在现实操作中,连续域的 EDA 算法的设计是非常困难的。首先这是因为在连续域中,每一个变量都可以有无限个取值,所以决策空间是非常巨大的。另一个主要原因是在连续空间中很难根据小样本建立一个准确的概率模型,并且随着变量维数的增加,优化算法需要花费超长的学习时间来构造连续域概率模型。因此,如何通过小样本建立准确的概率模型是连续域 EDA 研究的重中之重。由于在参数估计方面具有优势,高斯模型已经变成连续域的 EDA 建模最常用的概率模型。下面我们给出了高斯模型中参数估计的过程。

对于变量无关的连续域 EDA,假设种群个体的概率分布为:

$$p(x) = p(x_1), p(x_2), \cdots, p(x_n) \tag{1.12}$$

随机变量 $x_i \sim N(\mu_i, \sigma_i)$,则模型参数均值 μ_i 和方差 σ_i^2 的计算公式如下:

$$\hat{\mu}_i = \frac{1}{m} \sum_{k=1}^{m} x_{ik} \tag{1.13}$$

$$\hat{\sigma}_i = \frac{1}{m} \sum_{k=1}^{m} (x_{ik} - \hat{\mu}_i)^2 \tag{1.14}$$

其中,x_{ik}表示变量 x_i 的第 k 个样本,m 为样本数,$\hat{\mu}_i$ 和 $\hat{\sigma}_i$ 分别为 μ_i 和 σ_i 的估计值。

而对于多变量相关的连续域 EDA 来说,除了一些特定的模型,我们通常建立的概率模型为高斯网络。在高斯网络中,一般假设随机变量的联合概率分布服从于多元高斯分布,记为 $x \sim N(\mu, \Sigma)$,其中 $\mu = (\mu_1, \cdots, \mu_n)$ 为均值,$\Sigma = (\sigma_{ij})_{m \times n}$ 为协方差矩阵,计算公式如下:

$$\mu_i = \frac{1}{m} \sum_{k=1}^{m} x_{ik} \qquad (1.15)$$

$$\sigma_i = \frac{1}{m} \sum_{k=1}^{m} (x_{ik} - \mu_i)(x_{ik} - \mu_j) \qquad (1.16)$$

以上提到的分布估计算法都是用来求解单目标优化问题的。直到 2002 年,M. Laumanns 等人提出了贝叶斯网络的多目标优化算法 BMOA(Bayesian Multi-objective Optimization Algorithm),才将分布估计算法引入多目标优化领域。BMOA 采用二进制贝叶斯决策树为概率模型,并结合 ε-archive 算子来保持 Pareto 解集的多样性。不过,BMOA 的概率模型是二进制决策树,因此只适用于离散域的 EDA,对现实多目标优化问题的求解不具有通用性。在将基于贝叶斯网络的 EDA 尝试引入多目标优化领域并取得成功后,一大批由 BOA 转化的多目标优化算法随后出现。Coello 等人于 2002 年出版的书籍中给出了多种基于 BOA 的多目标算法,如:在 BOA 中引入 NSGA-Ⅱ算法中适应度分配方法的 mBOA 算法;使用了适应度分配和聚类算法的 mhBOA 算法;结合 mBOA 和 SPEA2 的 mmBOA 算法以及基于实数扩展和引入适应度分配的 MrBOA(Multi-objective real-coded BOA)算法。

另外,研究者们还提出了其他的多目标 EDA 算法。Mario 等于 2003 年提出的 MOPEDA(Multi-objective Parzen-based EDA)算法,它采用 Parzen 窗口来估计 Pareto 前沿的概率密度,从而建立一个关于解空间中 Pareto 前沿的非参且独立概率模型;Pena 等于 2005 年提出的 Gas + EDAs 的混合演化算法,在算法中将传统进化算法中的交叉变异操作与 EDA 相结合。Igel 等于 2007 年提出的基于协方差自适应进化策略的 CMA-ES（Derandomized Evolution Strategy with Covariance Matrix Adaptation）算法，该算法提出了一种更新多元正态变异分布的协方差矩阵的方法，通过变异分布来获取新种群；Zhang 等于 2008 年提出的基于规则模型的 RM-MEDA（Regularity Model-based Multi-objective EDA）算法，该算法采用局部的主成分分析方法 $(m-1)-D$ 局部 PCA 来为被划分为多个不相交类别的种群建立多个 $m-1$ 维流形，以刻画种群分布；Martí 等于 2011 年提出的 MB-GNG（Model Building Growing Neural Gas）算法，在 MB-GNG 中，采用一个改进的 GNG 网络作为概率模型，它不仅对输入空间的偏差量进行了量化，还引入簇排斥项来去除数据空间中的无意义中心点增强算法的搜索能力和多样性保持；Wang 等于 2012 年提出的 RM-MEDA 的改进版本 IRM-MEDA（Improved version of RM-MEDA）算法，该算法提出一个去冗余算子来消除 RM-MEDA 算法中过多的类别，以处理类别数大于实际情况时 RM-MEDA 出现的进化速度减缓的问题；Karshenas 等于 2014 年提出的 MBN-EDA（Multi-dimensional Bayesian Network-based EDA）算法，该算法结合正则化技术，利用高斯贝叶斯网络来对种群进行建模，它不仅可以捕捉决策变量之间的依赖关系，还可以刻画决策变量与目标之间以及目标和目标之间的相互关系；Cheng 等于 2015 年提出的 IM-MOEA（Evolutionary Algorithm Using Process-basedInverse Modeling）算法，该方法不同于一般 EDA 在决策空间建立模型，它构造了一个反向的基于高斯过程的模型，将目标空间映射到决策空间，以利用 Pareto 前沿信息来生成新个体；Martí 等于 2016 年提出的针对 MB-GNG 的改进版本 MONEDA 和 SMS-EDA-MEC 算法，在这两篇文章中作者分析了多目标分布估计算法各步骤对其性能的影响，并指出算法的改进策略应该结合实际问题来对 EDA 的某一步骤进行修改，以提高算法的特定性能和增强算法的适应性；Mohagheghi 等于 2017 年提出的基于 Voronoi 排序和局部搜索策略的多目标分布估计算法等，该算法利用局部信息来维持算法在探索与生成新解方面的平衡，对决策变量的维数和变量之间的重要依赖关系进行统计分析，并采用 Voronoi 图来作为其概率模型以实现从个体选择到区域选择的转换。

相对于算法的改进研究来说,EDA 算法的理论研究比较薄弱,并且主要涉及单目标 EDA 的理论研究。在 EDA 理论研究中,算法的收敛性分析和时空复杂性分析是最主要的研究内容。早在 1999 年,Mülhenbein 等就开始了 EDA 算法收敛条件的理论性证明。之后在 2004 年,Zhang 等学者更是证明了在无限的种群规模下分布估计算法求解连续空间的优化问题的收敛性。而针对 Zhang 等人给出的收敛性证明,学者 Rastegar 等在 2005 年给出了结果。在空间复杂性分析方面,学者 Gao 等也在 2005 年证明了 EDAs 中的 FDA 和 BOA 算法都具有与问题规模呈指数级增长的空间复杂性。对于分布估计算法的时间复杂性,Pelikan 等研究人员在 2002 年对 BOA 算法的可扩展性进行了深入的研究。除了上述对 EDA 算法的理论分析,Roberto 和 Jiri 等人也在其他方面对 EDA 算法进行了理论分析。

分布估计算法在各方面表现出了良好性能,因此逐渐成为科学和工程领域的研究热点。但是分布估计算法的研究尚未成熟,许多方面都值得进一步研究。例如:将分布估计算法与其他算法混合;研究多目标组合优化问题;改进建模方式和算法的应用等方面。其中,将分布估计算法与其他算法结合,即根据待求解多目标优化问题的特点,将具有针对性性能的算法组合起来,结合各算法的优势来弥补单一算法的不足,最终提高算法的总体性能。这是多目标优化领域的研究热点之一。将分布估计算法与其他算法进行合理结合,可以更好地平衡算法的收敛性和多样性。对于研究多目标优化组合问题,则是因为实际生产生活中有很多的多目标组合优化问题。而目前,EDA 算法对于多目标组合优化问题的研究极少,从而使得将 EDA 扩展到组合优化领域成为一个具有重大现实意义的研究课题。而对于概率模型的改进来说,Zhang 等学者的研究表明,为了建立更好的概率模型使得分布估计算法可以收敛到全局最优解,在选择阶段通过截断选择、比例选择和锦标赛得到的个体解应该具有与上代非支配解集相同的概率分布,如此,这个 EDA 算法就可以收敛到全局最优解,所以,如何建立适当的概率模型来刻画种群分布是一个值得研究的问题。另外,多目标分布估计算法的概率模型一般都比较复杂,要么建模困难,要么采样困难。耗时过长的模型学习或者采样过程会严重影响多目标 EDA 的效率。因此,还要考虑如何建立准确的、计算复杂性低的概率模型,这更是一个值得研究的问题。对于多目标分布估计算法的应用空间,目前来说多为应用于求解工程优化问题。但实际上,EDA 作为一个适应性强,容易实现的优秀算法应该被应用到更多的领域。

综上所述,EDA 的研究进展可以总结为:EDA 的研究目前已经取得了一些阶段性的成果,但是作为一个潜力巨大的多目标优化算法而言,EDA 的发展尚未成熟,还具有很广阔的发展空间。相关研究人员可以从概率模型、性能分析、参数优化和算法应用等方面着手,对多目标分布估计算法进行更深入的研究。

1.4　本书主要研究内容及创新点

1.4.1　主要研究内容

本书以多目标优化问题为研究对象,对以下 4 个内容进行研究:

内容一:多目标分布估计算法的改进研究

本书主要对基于规则模型的多目标分布估计算法 RM-MEDA(Regularity Model-Based Multiobjective EDA)进行改进研究。在 RM-MEDA 中,聚类的类别数 K 是依赖于具体问题,预设的 K 值如果不符合实际问题需求会严重影响算法的整体性能。当 K 值大于实际情况时,RM-MEDA 会出现模型冗余,从而影响算法的效率。目前已有研究者提出去冗余算子来处理 K 值实际情况出现的问题。而 K 值小于实际情况时,RM-MEDA 会建立不准确的或者完全错误的模型,从而使算法性能降低或完全失效,问题更严重。目前尚未有研究者针对该问题提出改进策略。本书将提出去聚类操作算法来提高 K 值小于实际情况时算法的整体性能。

内容二：研究多目标分布估计算法的模型构造

模型构造是分布估计算法的核心。本书受到人类社会模式的发展过程的启发，提出了社会变革模型（Social Reform Model，简称 SR）。SR 是一个具有"通用目的"的模型架构。在 SR 的基础上，提出了基于 SR 的多目标优化框架。在该框架下，可以通过对 SR 进行具体设置来实例化多种"具体目的"的多目标分布估计算法以适应具体的多目标优化问题。

内容三：多目标分布估计算法的应用研究

在深入分析现有图像配准模型估计过程的基础上，本书初步提出了基于多目标优化的图像配准方法 MO-IRM（Multi-objective Optimization-based Image Registration Method）。在 MO-IRM 中结合变换模型的精确性和鲁棒性构造了双目标优化模型，再用提出的多目标分布估计算法求解该模型已得到图像配准的变换模型。

内容四：多图自动拼接系统设计与实现

为了真正做到理论和实践相结合，本书在两两图像配准的基础上，使用了 C＋＋面向对象语言、MFC 可视化窗口和 OpenCV 库，在 Windows 10 操作系统上使用 Visual Studio 2017 开发实现了基于多目标优化的多图自动拼接系统。该系统设计了基于优先权的多图自动配准模型和基于最大生成树的多图配准策略。同时，该系统将特征提取方法、特征匹配方法、投影变换方法和图像融合方法等图像配准与拼接过程中涉及的多个阶段和多种方法集成在系统上，使用者可以根据实际需要选择具体的组合策略实现多图自动拼接。

本书的主要内容之间的相互关系如图 1.8 所示。

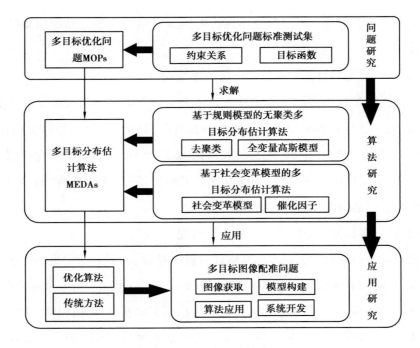

图 1.8　本书研究内容

1.4.2　创新点

本书将多目标优化问题作为研究对象,多目标分布估计算法为研究工具,对解决多目标优化问题的分布估计算法进行了深入的研究;并针对重庆文化遗产大足石刻数字图像修复工作中的图像配准问题,对多目标优化算法进行了应用研究。

(1)提出了基于规则模型的无聚类多目标分布估计算法

由于 RM-MEDA(Regularity Model-based Multi-objective EDA)算法的聚类类别数 K 是依赖于具体问题,对算法的整体性能有着重要的影响,因此,提出了基于规则模型的无聚类多目标分布估计算法 FRM-MEDA(FGM-based RM-MEDA)来处理类别数 K 小于实际的情况。在 FRM-MEDA 中,通过将聚类类别数 K 设置为 1 实现去聚类操作,并引入全变量高斯模型 FGM(Full variable Guassian

Model)算法来保持解集的多样性。用 FRM-MEDA 求解 RM-MEDA 原文中给出的具有变量连接的测试函数,实验结果表明,FRM-MEDA 在收敛速度、收敛质量和多样性保持上都远远优于 RM-MEDA($K = 1$)。同时将 RM-MEDA 算法类别数 K 设置为平均类别数 AVE_K,再次实验表明,FRM-MEDA 与 RM-MEDA($K = \mathrm{AVE}_K$)在各方面性能相当。从统计角度来说,Wilcoxon 符号秩和检验法也无法证明在收敛性和多样性上哪一个算法更优,但是 FRM-MEDA 算法的收敛速度最快。

(2)提出了社会变革模型和基于社会变革模型的多目标优化框架

人类社会模式的发展过程是在当前历史时期,人们借助于知识积累和历史经验,不断地对社会模式进行理性选择、策划与设计,以积极干预和主动创造历史的过程。受到人类社会模式发展过程的启发,本书构造了社会变革模型 SR 来作为分布估计算法的模型架构。不同于达尔文的进化理论,社会变革模型 SR 更侧重于考虑一个群体的整体进化,关注的是群体特性。SR 可表示为一个三元组 $\{(\mathrm{IM}, \mathrm{FCM}), CF\}$,其中 IM(Independent Model)表示独立模型,主要用于刻画种群的主流进化方向,并通过主流进化方向引导种群逼近最优 Pareto 解集,以保证算法的收敛性;FCM(Full Correlation Model)为全联合模型,该模型的主要功能是加强变量之间的相互关系,从而使种群保持良好的多样性;CF(Catalytic Factor)为催化因子,它通过影响种群中个体的进化方向分布,以加强主流进化方向对群体的影响力,来提高算法的收敛速度。之后,提出了具有"通用目的"的基于 SR 的多目标优化框架,在该框架下可以对 SR 进行实例化操作来设计多个带有"具体目的"多目标分布估计算法,以适应具体的多目标优化问题。

(3)在基于社会变革模型的多目标优化框架下实例化了两个具体的算法

在基于 SR 的多目标优化框架下实例化了两个用于求解不同测试函数的多目标分布估计算法 SR-MEDA-VL(SR-based Multi-objective EDA for solving MOPs with Variable Linkage)和 SR-MEDA-ZDT(SR-based Multi-objective EDA for solving

ZDT test instances)来验证该框架的可行性和适应性。SR-MEDA-VL 用于求解具有变量连接的测试函数,SR-MEDA-ZDT 用于求解 ZDT 标准测试集。实验结果表明,SR-MEDA-VL 和 SR-MEDA-ZDT 不仅可以极大地降低变量维数对算法性能的影响,还都能在收敛速度、收敛质量和多样性保持上都能取得很好的结果。这说明了社会变革模型很容易被实例化为不同形式以适应多种"具体目的"的优化问题,从而保证了基于 SR 多目标优化框架的可行性和适应性。

(4)提出一种基于多目标优化的图像配准方法

将图像配准算法的变换模型评估过程建模为一个双目标优化模型,从而将图像配准算法的变换模型评估过程转化为一个双目标优化问题,然后将 FRM-MEDA 算法用于求解该双目标优化问题,从而提出了基于多目标优化的图像配准方法 MO-IRM(Multi-objective Optimization-based Image Registration Method)。将 MO-IRM 应用到大足石刻图像配准中,并结合实际应用需求,提出了多图配准策略以提高配准效率。实验结果表明,在两两配准和多图配准中,MO-IRM 得到的透视变换模型在精确性和鲁棒性上都表现良好,并且 MO-IRM 耗时少,耗时曲线随着输入图像尺寸的增加并无明显变化。这使得 MO-IRM 具有很好的应用价值。

在研究求解多目标优化问题的分布估计算法的过程中,有以下几个"首次":

①首次在 RM-MEDA 算法中提出去聚类操作:在 RM-MEDA 中由于聚类过程可以分段刻画种群而成为 RM-MEDA 算法的重要过程;但由于聚类的类别数 K 太依赖于具体问题又导致聚类过程成为 RM-MEDA 的重要缺陷。在本书中,提出了去聚类操作,即不再对种群进行分段刻画,而是将种群刻画为一个整体,从而使算法在保留一定的种群刻画能力的基础上,不再受到聚类类别数 K 的约束。

②首次提出基于人类社会模式发展的社会变革模型:相对于传统的基于达尔文进化思想的进化算法来说,社会变革模型 SR 基于人类社会模式的发展过

程,考虑的是种群的交互性、社会性和继承性,更侧重于考虑一个群体的整体进化,关注的是群体特性。SR 的概念有些类似于文化算法,但两者又有区别。文化算法归根结底是基于传统交叉变异的遗传算法与信念空间的结合。而在 SR 中,并没有交叉变异操作,也不需要建立信念空间。SR 直接将种群看成是一个不可分割的整体,使用数学模型来对种群进行整体刻画,随着每一次迭代的进行,种群进化过程中的所有信息都直接通过模型传承下来。SR 以一个具有"通用目的"的模型作为分布估计算法的模型架构。

③首次提出将图像配准的模型估计过程建模为双目标优化模型:虽然变换模型估计至关重要,但在图像配准中往往更注重匹配特征的获取而忽视变换模型的估计。一般情况下,在获取匹配特征后直接采用最优化算法计算变换模型参数,这使得获得的图像变换模型很难在精确性、鲁棒性和耗时上都取得比较好的性能。基于此,本书重点关注图像配准中的变换模型参数估计,提出将图像配准的变换模型估计过程建模为双目标优化模型,以兼顾图像变换模型的精确性和鲁棒性。同时,通过双目标模型的建立,切断了匹配特征数据集对模型估计过程的影响,从而大大提高算法的效率,并保证耗时曲线不随输入图像尺寸的增大而急剧增加。

1.5　本书的组织结构

本书的组织结构按照研究的主要工作和相关知识点来构造,本书框架图如图 1.9 所示。

所有章节都对相关工作和知识点进行了详细阐述,具体内容如下:

第 1 章,绪论。指出了本书研究的必要性和可行性,对本书的研究对象和研究方法,即多目标优化问题和分布估计算法进行了概述。给出了多目标优化问题的定义和相关概念,综述了分布估计算法的研究现状、研究热点和主要研究内容及成果;给出了本书的主要研究内容和创新点。

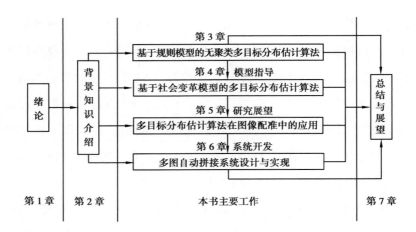

图 1.9　本书框架图

第 2 章,背景知识介绍。介绍了多目标分布估计算法的具体框架和结构；介绍了用于评价多目标优化算法的性能指标和结束条件；介绍了统计分析方法 Wilcoxon 符号秩和检验法；介绍了本书的相关应用——图像配准。

第 3 章,基于规则模型的无聚类多目标分布估计算法。深入地分析了基于规则模型的多目标分布估计算法 RM-MEDA,分别就 RM-MEDA 算法中聚类类别数的三种情形进行详细的介绍,指出 RM-MEDA 算法中聚类过程的类别数 K 是依赖于具体问题的,会对算法的性能产生极大的影响；在 RM-MEDA 算法上提出无聚类思想,并引入全变量高斯模型来保持算法非支配解集的多样性；提出了基于规则模型的无聚类多目标 EDA 算法,并给出了实验结果及分析。

第 4 章,基于社会变革模型的多目标分布估计算法。对人类社会模式的发展过程进行了系统的讨论,提出了一个用于分布估计算法建模的、具有"通用目的"的社会变革模型 SR；建立了一个基于 SR 的多目标优化框架以打破 EDA 的固定结构；在新提出的多目标优化框架下实例化了两个具体的、用于求解不同类型测试问题的基于 SR 的多目标分布估计算法 SR-MEDA-VL 和 SR-MEDA-ZDT,并给出了实验结果及分析。

第 5 章,多目标分布估计算法在图像配准中的应用。阐述了大足石刻图像配准的重要意义和历史价值;将图像配准问题的模型评估过程刻画为进化过程,建立了双目标优化模型,并用多目标分布估计算法求解建立的双目标优化模型;提出了基于多目标优化的图像配准方法 MO-IRM,并给出了实验结果及分析。

第6章,多图自动拼接系统设计与实现。以大足石刻图像配准为例阐述了多图自动拼接的必要性;给出了多图自动拼接的策略,即基于优先权和基于最大生成树的多图自动配准策略;介绍了所开发的多图自动拼接系统。

第7章,总结与展望。总结了本书的主要研究成果,指出了研究的创新性和不足,并对今后的研究工作进行了展望。

2　背景知识介绍

　　本章主要介绍与本书相关的背景知识,如多目标分布估计算法的框架和结构、用于评价多目标优化算法性能的各指标、统计分析工具 Wilcoxon 符号秩和检验法以及图像配准。

2.1　多目标分布估计算法

　　相对于传统的基于交叉变异的进化算法,分布估计算法 EDA 提供了一种求解复杂系统优化问题的通用框架。总体来说,大多数多目标 EDA 算法是单目标 EDA 的扩展,直接通过将多目标优化问题的多个目标替换单目标来实现单目标 EDA 到多目标 EDA 的转换。因此,多目标 EDA 的框架与单目标 EDA 的框架一致。

2.1.1　EDA 基本框架

　　为了进一步了解分布估计算法的运行机制,我们给出了 EDA 的基本框架和算法流程图,分别如表 2.1 和图 2.1 所示。

表 2.1 EDA 的框架

$t \leftarrow 0$;
生成初始化种群 $P(0)$;
while(不满足终止条件)do
从初始种群中选择期望解集 $S(t)$;
在期望解集 $S(t)$ 上建立概率模型 $M(t)$;
采样概率模型 $M(t)$ 生成候选解集 $U(t)$;
重组种群 $U(t)$ 与 $P(t)$;
$t \leftarrow t+1$
end while

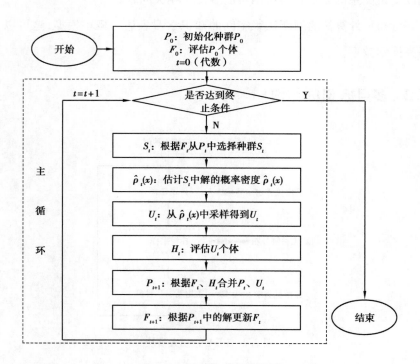

图 2.1 EDA 算法的流程图

从表 2.1 和图 2.1 可以看出,EDA 由很多步骤组成,包括排序、选择、建模、采样和重组。针对每一个步骤,分布估计算法研究者们都可以提出不同的子算法。因此,当一个算法体现出性能好坏时,很难判定到底是算法的哪一个步骤或哪些步骤组合对算法总体性能起着决定性的影响,从而难以对算法进行改进。一个具有实质性能改进的多目标分布估计算法应该对 EDA 的各个步骤进行深入分析,再结合实际问题进行针对性地改进。从 EDA 框架也可以看出,由于采用建模采样的统计学习手段,分布估计算法比其他算法在以下几个方面更有优势:

①分布估计算法建立起了机器学习与其他进化算法之间的桥梁,可以将其他算法的优势引入到 EDA 框架中,从而实现性能提升;

②分布估计算法的建模过程可以使它很容易地描述变量的相互关系,从而实现以变量关系的分析来解决困难的多变量相关问题;

③分布估计算法将对于决策空间的知识学习表达为概率模型,这可以极大地提高搜索效率。

2.1.2　多目标 EDA 结构

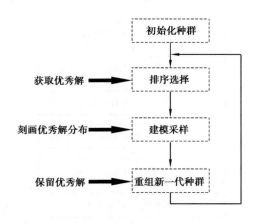

图 2.2　EDA 的三大模块

为了深入探讨 EDA 的基本框架和具体步骤,可以将多目标分布估计算法的结构总结为 3 个模块,即排序选择模块、建模采样模块和重组新一代种群模块。排序选择模块使种群中的优秀解可以进入建模过程;建模采样模块完成对部分优秀解的刻画,并根据建立的模型采样得到新的个体解;重组新一代种群模块通过某种重组策略,形成下一代种群以确保优化过程的进行,如图 2.2所示。

下面对各模块的相关算法进行分析总结。

(1)排序选择模块

在多目标分布估计算法中,主要有 3 类排序方法,即 Pareto 支配排序法、个体完全排序法和种群完全排序法。

Pareto 支配排序法根据种群中个体解所支配的其他个体解的数目或者支配该个体解的其他个体解的数目对当前解集进行排序。Pareto 只定义了部分排序,个体解之间是一种偏序关系。具体的排序依据可见 1.2 节的定义 1.2。

ε-支配是一种弱化的 Pareto 支配,它具有很多种形式,在这里我们采用加的 ε 形式来对 ε-支配进行说明。对于加的 ε 形式,即 $\varepsilon_i > 0$ 对 $\forall i \in \{1, \cdots, M\}$,它的定义如下。

定义 3.1:

①ε-支配:设 $x^1, x^2 \in D$,称 $x^1 \varepsilon$-支配 x^2,记为 $x^2 > \varepsilon x^1$ 当且仅当
$f(x^1) - \varepsilon_i \leqslant f(x^2)$,$\forall i \in \{1, \cdots, M\}$,并且 $\exists i$, s.t. $f(x^1) - \varepsilon_i < f(x^2)$。

②ε-近似 Pareto 解集:集合 F^a 为称为 F 的 ε-近似 Pareto 解集当且仅当
$$\forall x \in F, \exists x' \in F^a, \text{s.t.} x > \varepsilon x'。$$

③ε-Pareto 解集:集合 F^ε 称为集合 F 的 ε-Pareto 解集,当且仅当 F^ε 为集合 F 的 ε-近似 Pareto 解集,且 $F^\varepsilon \subseteq PS$。

个体完全排序,即将 Pareto 支配排序扩展到完全排序。个体完全排序常采用的方法一般包含两个阶段。第一阶段,用 Pareto 支配排序将种群分为多个类。排序之后种群中的每一个个体 x_i 都带有一个等级标记,记为 $x_i \cdot r$,完全排序认为具有相同等级标记的个体解不存在支配关系,等级标记值越小则解越优;第二阶段,为每个等级相同的个体分配一个实数值。这个实数值称为密度,记为 $x_i \cdot den$,用来区分等级相同的个体解的优越性,密度值越小则解越优。

在个体完全排序机制下，假设有两个解 x_l 和 x_k，如果 $x_l \cdot r < x_k \cdot r$，或者 $x_l \cdot r = x_k \cdot r$ 且 $x_l \cdot den < x_k \cdot den$ 时，认为个体解 x_l 优于 x_k。常用的等级计算方法包括支配等级、支配计数和支配强度等。密度计算方法有小生镜和适应度共享策略、拥挤距离、K-排最近邻法、快速排序、网格和 ε-支配等。

种群完全排序又称为特定排序方法，是一种基于性能指标的选择机制对种群进行排序的方法。假设 $I(P)$ 为算法的收敛质量评价指标，用它为非支配解集分配一个实数值，那么对于非支配解集 P 和 Q，就可以根据 $I(P)$ 和 $I(Q)$ 来确定 P 和 Q 的优劣。这类排序算法相对于上述两种排序方法来说加入了更复杂的理论，因此更加耗时。聚类选择、超体积 HV、parzen 排序和 Voronoi 排序等正是这种特定排序法。

在对种群进行排序之后，可以根据某种策略选择部分优秀解来建立概率模型，该策略即为选择方法。选择方法一般也可以分为 3 类：选择所有个体、选择最好个体和选择非支配个体。选择所有个体的方法直接将整个种群用于模型构建。选择最好个体的方法仅选择种群中一部分最好的个体解来构建概率模型，一般我们这种方法称为截断选取，需要设置一个选取比例 τ。假设 $\tau = 50\%$，则表示选择比例为 0.5 的最优解用于建模。选择非支配个体的方法直接将非支配排序得到的非支配解集作为构建概率模型的种群。

（2）建模采样模块

建模采样模块是多目标分布估计算法的核心模块，一般以概率图模型的构建为主，采样算法随着模型的变化而变化。多目标分布估计算法的概率模型主要分为三类：图模型、混合分布和其他模型。

大多数的多目标分布估计算法的图模型都是基于贝叶斯网络的。贝叶斯概率模型的构建一般为：在一个无边的贝叶斯网络上，通过贪婪算法为网络加上边以最大程度地提高网络质量，网络质量一般由 BD(Bayesian-Dirichlet) 指标来衡量。因此，在基于贝叶斯网络的 EDA 中，建模过程一般需要学习两方面的内容，一方面是学习贝叶斯网络模型的拓扑结构，一方面学习模型参数。新的种群通过采样贝叶斯网络获得。由于通过贝叶斯网络合成种群算法是一个 NP 难问题,因此,基于贝叶斯网络的图模型的 EDA 必须采用启发式的替代方法来构造网络,才能降低算法计算复杂性,使计算代价保持在合理范围。

少数多目标分布估计算法的图模型基于马尔科夫网络。马尔科夫图模型的网络结构与贝叶斯网络结构是类似的,只不过贝叶斯网络是有向图,而马尔科夫网络是无向图。相对于贝叶斯网络来说,对马尔科夫网络的采样更加复杂。但是,如果给定马尔科夫网络一个可分函数,那么马尔科夫网络就能够保证当前算法收敛到 Pareto 最优解集,因此,马尔科夫网络的复杂度有时候比贝叶斯网络低得多。马尔科夫概率图模型的建立过程一般通过推断来搜寻一个因数分解的表达式来作为概率模型,再通过该模型来学习变量之间的相互关系,从而捕捉变量的依赖关系。马尔科夫网络的采样比贝叶斯网络复杂得多。但是由于模型建立过程的计算复杂性也过高,在不必要的情况下,一般不采用这类建模方法。

除了图模型,多目标分布估计算法还可以建立其他模型来对种群进行刻画。比如建立规则模型,即基于 KKT(Karush-Kuhn-Tucker)条件的正则特性。另外还有协方差矩阵和直方图等模型,都可以作为分布估计算法的概率模型。还可以根据具体的问题设计出其他具有针对性的概率模型。

(3)重组新一代种群模块

重组新一代种群的模块主要指的是将采样得到的个体解加入新一代种群的方法。主要包括 3 类,即 w-替换、替换全部受支配解和替换部分受支配解。

①w-替换:用一部分采样得到的个体解来替换当前种群的对应数量的个体解,即 $w \times M$ 个新个体解替换掉当前种群 M 中的 $w \times M$ 个体解,且 $w \in (0,1)$。w 为替换比例,可以根据需要自由设置。

②替换全部受支配解:采样得到的新个体解替换当前种群中的所有受支配解。这种情况下,采样的频率与受支配解数量一致,并随着每一代种群受支配解个数的变化而变化。

③随机替换受支配解：用采样得到的新个体解随机地替换当前种群中的个体解。

可以看出，要设计一个多目标优化算法，可以从这3个模块着手，分别采用不同的排序选择策略、建模采样方式以及重组新一代种群策略，即可生成多种多样的多目标 EDA。

2.2 多目标优化算法性能评价指标

性能指标根据其设定的形式来评价算法在不同方面的性能是否达到要求的目标。多目标优化问题由于具有多个目标函数，在优化过程中几个目标函数需要被同时优化。因此，不同于单目标优化问题的最优解，求解多目标优化问题得到的是一组 Pareto 最优解集。要设计一个相对较好的多目标进化算法的性能指标，一般需要考虑以下几个特征：

①指标的取值范围应当为 $0 \sim 1$；

②期望指标值应当可知，即根据理论上的非支配解集的分布度是可以计算出来的；

③评价结果应该能随代数的增加而增加或减少，这样有利于不同集合之间的比较；

④指标应当适用于多个目标；

⑤指标的计算复杂度不能太高。

根据多目标优化算法性能指标的设计特征，研究者们设计出了很多性能评价指标，如世代距离 GD、Δ 度量等。这些性能指标大致可以分为3类：

①用来评价多目标优化算法获得的非支配解集 PS 对应的非支配前沿 PF 与问题的真实前沿或者全局 Pareto 最优前沿的逼近程度的指标，该指标主要用来评价算法的收敛性性能；

②用来评价多目标优化算法获得的非支配解集 PS 的多样性分布，即评价

多样性性能;

③用来评价多目标优化算法的收敛性和多样性的综合性能。

在本书中,主要用到世代距离 GD 和 Δ 度量来评价算法的性能。其中,GD 用来评价算法的收敛性性能,Δ 度量则用来评价算法的多样性性能。下面分别对这两个指标进行详细描述。

①世代距离 GD。

假设 GD 用来描述算法获得的非支配解集与问题的真实 Pareto 前沿之间的距离,具体公式为:

$$GD(\boldsymbol{P}, \boldsymbol{P}^*) = \frac{\sqrt{\sum_i^n d(\boldsymbol{P}_i, \boldsymbol{P}^*)^2}}{|\boldsymbol{P}|} \tag{2.1}$$

其中,$\boldsymbol{P}$ 表示多目标进化算法获得的非支配解集 $\boldsymbol{PS}$,$|\boldsymbol{P}|$ 表示非支配解集 $\boldsymbol{PS}$ 中解的数量,$\boldsymbol{P}^*$ 表示根据真实的 Pareto 前沿采样得到的 Pareto 最优解集,$d(\boldsymbol{P}_i, \boldsymbol{P}^*)$ 表示第 i 个非支配解与真实 Pareto 前沿之间的最短欧式距离。收敛性指标 GD 相关参数表示如图 2.3 所示。

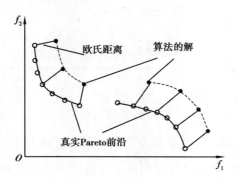

图 2.3　收敛性指标

从图 2.3 可以看出,欧氏距离越小,则 GD 的值越小,那么算法得到的解越靠近真实的 Pareto 前沿,说明算法的收敛性越好。评价指标 GD 可以精确地度量多目标优化算法的收敛性,但是不能度量算法的多样性。另外,当多目标优化问题的真实 Pareto 前沿不可知时,不能计算 GD,从而无法采用 GD 来评价算法的性能。

②Δ 度量。

假设将算法获得的非支配解集按照某个目标函数值的大小有序地分布在目标空间上,h_i 为相邻两点之间的欧式距离,$\bar{h}$ 为 h_i 的均值,h_f、h_l 分别为多目标优化算法获得的边界解与相应极端解之间的欧式距离,那么多样性指标可表示为:

$$\Delta = \frac{h_f + h_l + \sum \mid h_i - \bar{h} \mid}{h_f + h_l + (n-1)\bar{h}} \qquad (2.2)$$

其中,n 表示多目标优化算法获得的非支配解集中解的数量。收敛性指标 Δ 的相关参数可表示如图 2.4 所示。

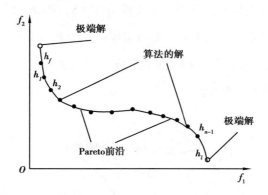

图 2.4　多样性指标

在 Δ 度量中,极端解指的是某一个目标函数值最大而其他目标函数值最小的解。如图 2.4 所示,当多目标优化算法获得的非支配解集完全均匀地分布在 Pareto 前沿上时,可知 $h_f = 0$,$h_l = 0$,且所有的 $h_i = \bar{h}$,此时 $\Delta = 0$。因此,Δ 度量反映获得的非支配解集能否均匀地分布在整个 Pareto 前沿。Δ 越小,分布越均匀,多目标优化算法的多样性越好。

③超体积 HV。

此外,判断一个多目标优化算法运行结束与否,除了检测算法是否达到最大迭代次数,本书中还用到超体积 HV 来判断算法的终止条件。HV 可以表示如下:

$$HV(PS,z^r) = Vol(\bigcup_{X \in P} [f_1(X),z_1^r] \times \cdots \times [f_m(X),z_m^r]) \qquad (2.3)$$

其中,PS 为多目标优化算法获得的非支配解集,z^r 为用户设置的参考点参数,$Vol(*)$ 表示勒贝格测度(Lebesgue measure),则超体积 HV 表示,在非支配解集 P 中被 z^r 支配的解与参考点 z^r 形成的空间的大小。但是,参考点 z^r 的选择很大程度上会对超体积 HV 值造成影响,因此应该慎重选择。以最小化多目标优化问题为例,当 HV 值越小时,多目标优化算法的性能越好。另外,当要求解的多目标优化问题的真实 Pareto 前沿未知时,评价指标 HV 也可以作为综合性指标来度量多目标优化算法的收敛性和多样性。但在本书中,我们用超体积 HV 来计算当前非支配解集在给定参考点 z^r 的情况下,形成的空间大小与真实 Pareto 前沿所占空间的比例来作为算法的终止条件。假设 P^* 为真实 Pareto 前沿采样得到的非支配解集,P 为多目标优化算法获得的非支配解集,则算法的终止条件可以表示为:

$$\frac{|HV(P) - HV(P^*)|}{HV(P) + HV(P^*)} \leqslant p \qquad (2.4)$$

其中,p 为算法获得的解集的超体积 $HV(P)$ 与真实解集的超体积 $HV(P^*)$ 相差的百分比,p 越小,算法的性能越好。因此,可以设置一个 p 值来作为算法终止条件。

2.3　Wilcoxon 符号秩和检验法

符号检验是用来检验两配对样本所来自的总体分布是否存在显著差异的非参数方法。其原假设是:两配对样本来自的两总体的分布无显著差异。

（1）首先,分别用第二组样本的各个观察值减去第一组对应样本的观察值。差值为正则记为正号,差值为负则记为负号。

（2）将正号的个数与负号的个数进行比较,容易理解:如果正号个数和负号个数大致相当,则可以认为第二组样本大于第一组样本变量值的个数,与第二组样本小于第一组样本的变量值个数是大致相当的,反之,差距越大。但是缺点是配对样本的符号检验注重对变化方向的分析,只考虑数据变化的性质,即是变大了还是变小了,但没有考虑变化幅度,即大了多少,小了多少,因而对数据利用是不充分的。

Wilcoxon 符号秩检验

原假设是:两配对样本来自两总体的分布无显著差异。

①首先,按照符号检验的方法,分别用第二组样本的各个观察值减去第一组对应样本的观察值。差值为正则记为正号,为负则记为负号,并同时保存差值数据。

②将差值变量按升序排序,并求出差值变量的秩;最后,分步计算正号秩总和 W + 和负号秩和 W − 。

故 Wilcoxon 符号秩和检验法是用于分析两个相关样本之间是否具有显著差别的一种非参数检验方法。由于进化算法本身具有一定的随机性,因此,验证实验一般都会进行独立 n 次以降低实验结果的随机性。所以,在对实验结果进行分析时,会用到一些统计方法。Wilcoxon 符号秩和检验法正是相关研究者引入进化计算领域,从而以统计的角度来检验两个多目标优化算法是否具有显著差异的。Wilcoxon 符号秩和检验的一般步骤见表 2.2。

表 2.2 的步骤 1 中给出的两个假设可以解释为:H_0 代表两个算法无显著差异,H_1 为两个算法具有显著差异。因此在比较两个多目标优化算法的性能时,如果 p 值小于 α 时,则拒绝原假设 H_0,接受 H_1 认为两个相比较的算法在性能上具有显著差异。否则,认为两个算法在性能上没有显著差异。

表 2.2　Wilcoxon 符号秩和检验步骤

1. 建立假设：

   H_0 : 差值总体中位数为 0，即 $M_d = 0$ ；

   H_1 : 差值总体中位数不为 0，即 $M_d \neq 0$ ；

2. 设置显著性水平：为假设检验设置显著性水平 α ，一般 $\alpha = 0.05$ ；

3. 求差值 d ：求两个样本之间的差值 d ；

4. 编秩次：

   1）如果 $d = 0$ ，那么舍去不计，样本数 $n = n + 1$ ；

   2）如果 $d > 0$ ，那么正秩加 1，即 $T_+ = T_+ + 1$ ；

   3）如果 $d < 0$ ，那么负秩加 1，即 $T_- = T_- + 1$ 。

5. 查表：查 Wilcoxon 符号秩检验的分布表确定显著性水平 p ，如果 p 值小于 α ，那么拒绝原假设 H_0 ，接受假设 H_1 。

2.4　图像配准

在实际情况中，图像拼接所获取的图像或多或少受主观因素和客观条件的影响，比如人为因素的干扰，摄像技术水平限制以及气候状况，因此图像拼接首先需要对原始图像进行预处理。其目的是提高配准的精度、降低配准难度，预处理过程主要包括调整灰度差异去噪、几何修正以及将两幅图像投影到同一坐标系等基本的预处理操作。

图像拼接的预处理是进行图像拼接的第一步，许多预处理方法和配准方法都是紧密联系的。不同的图像配准算法可以选用不同的预处理算法，只有图像预处理过程做好了，才能保证后续工作中的精准匹配。

待拼接的图像预处理过后，我们接下来就需要对图像进行配准。图像匹配在图像拼接系统中是非常关键的一步，其匹配的结果将直接影响后续图像融合的准确度。图像配准是关于同一目标的两幅或者多幅图像在空间位置上的对准。图像配准技术一直是国内外各专家学者研究的重点和攻克的难点问题,虽然已经提出了很多较为完善的方法,但是目前没有一种能够针对不同应用环境都能快速匹配的方法,所以对其研究仍有重要意义,图像配准的方法主要包括基于灰度信息、基于变换域和基于特征的图像配准。

基于灰度信息的图像配准是直接运用两幅图像之间灰度度量的相似性,其依据是图像的内部信息,用搜索方法寻求相似度最大或者最小点,确定参考图像和目标图像(待配准图像)之间的变换参数。其优点是实现起来比较简单,待配准的图像不需要对其进行复杂的预处理。不足之处在于对非线性的光照变化比较敏感,这会降低算法的性能,计算量比较大,对于目标的旋转、形变和遮挡也比较敏感。

2.4.1 基于变换域的图像配准

(1)相位相关法

相位相关法是根据傅里叶变换具有平移不变的性质将空间域上像素的平移转换为频率域上相位的平移,$f_1(x, y)$、$f_2(x, y)$是两幅图像,并且具有平移的关系,其变换关系为:

$$f_2(x, y) = f_1(x - x_0, y - y_0) \tag{2.5}$$

该式中(x, y)表示的是两幅图像之间的平移量,那么图像f_1与f_2所对应的傅里叶变换F_1和F_2之间关系为:

$$F_2(\mu, v) = e^{-j(\mu x_0 - v y_0)} F_1(\mu, v) \tag{2.6}$$

由式(2.6)可得知,当$f_1(x, y)$和$f_2(x, y)$两幅图像在频率域中的幅值相同时,相位不同。两幅图像间的互功率谱可表示为:

$$\frac{F_1^*(\mu, v) F_2(\mu, v)}{|F_1^*(\mu, v) F_2(\mu, v)|} = e^{-j(\mu x_0 - v y_0)} \tag{2.7}$$

其中" * "为复共轭运算符,冲击响应函数$\delta(x - x_0, y - y_0)$是对公式(2.7)右部分进行傅里叶逆变换得到的,搜索使冲击响应函数 δ 最大可得到点 (x_0, y_0),那么图像 $f_1(x, y)$ 和 $f_2(x, y)$ 之间的最佳平移量就能确定即 (x_0, y_0)。

快速傅里叶变换(Fast Fourier Transform, FFT)优化了相位相关法的算法性能,使得效率更高、计算也比较容易,与基于空间域的图像配准相比,这种方法的优势主要表现在对光照变化不敏感、稳定性好,抗噪能力强。不过劣势在于只对有平移关系的两幅图像有良好的效果,而有旋转和尺度缩放关系的图像不太适用这种方法。

(2)扩展相位相关法

相位相关法的不足之处,即不适用于平移和旋转的问题被 Castro 等人解决了,在相位相关法的基础上,Reddy 又引入对数极坐标变换,将其与相位相关法结合,得到扩展相位相关法,通过对数极坐标变换将两幅图像间的旋转和尺度缩放关系转换为该坐标系下的平移关系。

假设图像 f_1 与 f_2 之间有旋转、尺度缩放和平移的关系,其关系可表示为:

$$f_2(x,y) = f_1\left[s(x\cos\theta_0 + y\sin\theta_0) - x_0, s(-x\sin\theta_0 + y\cos\theta_0) - y_0\right] \qquad (2.8)$$

(x_0, y_0) 为平移量,θ_0 表示的是旋转角度,s 是尺度因子。那么图像 f_1 与 f_2 所对应的傅里叶变换 F_1 和 F_2 之间的关系为:

$$F_2(u,v) = \mathrm{e}^{-\mathrm{j}2\pi(ux_0+vy_0)} s^{-2} F_1\left[s^{-1}(u\cos\theta_0 + v\sin\theta_0), s^{-1}(-u\sin\theta_0 + v\cos\theta_0)\right]$$
$$(2.9)$$

F_1, F_2 的幅度谱可表示为 M_1, M_2,两者关系如下:

$$M_2(u,v) = s^{-2} M_1\left[s^{-1}(u\cos\theta_0 + v\sin\theta_0), s^{-1}(-u\sin\theta_0 + v\cos\theta_0)\right]$$
$$(2.10)$$

比例因子 s^{-2} 的影响忽略不计,对 M_1 与 M_2 进行极坐标变换可得到:

$$M_2(r,\theta) = s^{-2} M_1(s^{-1}r, \theta - \theta_0) \qquad (2.11)$$

在极坐标半径 r 方向上取对数可得到:

$$M_2(\log r, \theta) = s^{-2} M_1(\log r - \log s, \theta - \theta_0) \qquad (2.12)$$

设 $\xi = \log r, d = \log s$ 可得:

$$M_2(\xi,\theta) = s^{-2}M_1(\xi - d, \theta - \theta_0) \tag{2.13}$$

待配准图像在旋转和尺度缩放之前,需要得到旋转角度和尺度因子的大小,我们可以用相位相关法来计算公式(2.13)中的旋转角度 θ_0 和尺度因子 s,待匹配的两幅图像经过旋转和尺度缩放之后,只留下平移关系,要确定两幅图像之间的平移量(x_0, y_0),只需再使用一次相位相关法。

扩展相位相关法满足所有相位相关法的优点,旋转、尺度缩放问题也被解决了。与相位相关法相比,扩展后的相位相关法适用范围更广。当与边缘检测相结合,还提高了鲁棒性与计算的效率. 然而算法比较复杂,两幅图像的重合度也要足够高才可以。

2.4.2　基于特征的图像配准

基于特征的图像配准只使用图像的轮廓、角点等特征,比较经典的算法包括基于 SIFT 的图像配准、基于 SURF 的图像配准以及基于 ORB 的图像配准。

(1)基于 SIFT 的图像配准

现有的基于不变量技术的特征检测方法是 David Lowe 在 2004 年总结的,并正式提出了一种基于尺度空间的,对图像缩放、旋转甚至仿射变换保持不变性的图像局部特征描述算子 ——SIFT 算子,全称 Scale Invariant Feature Transform,即尺度不变特征变换。

SIFT 算法首先在尺度空间进行特征检测,并确定关键点的位置和关键点所处的尺度,然后使用关键点邻域梯度的主方向作为该点的方向特征,以实现算子对尺度和方向的无关性。

①构建 DoG 尺度空间。

用高斯函数 $G(x, y, \sigma)$ 对原图像进行平滑处理,构建图像尺度空间 $L(x, y, \sigma)$:

$$L(x,y,\sigma) = G(x,y,\sigma) * I(x,y) \tag{2.14}$$

其中,$G(x,y,\sigma)$ 为二维高斯函数,σ 为正态分布的标准差(即平滑系数),(x, y) 表示图像中的像素坐标尺度空间的构建,是借助高斯金字塔的构建完成的,即对图像做不同尺度参数的模糊处理和隔点采样。高斯金字塔模型如图 2.5 所示。

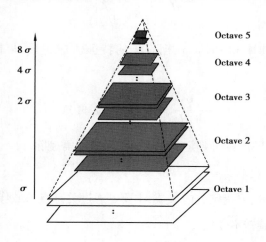

图 2.5　高斯金字塔模型

设 k 为两个临近尺度空间的权重值,两个相邻的尺度空间的图像相减得到高斯差分尺度空间(DoG scale-space),则高斯差分函数(Difference of Gaussian)可以表示为:

$$G(x,y,\sigma) = (G(x,y,k\sigma) - G(x,y,\sigma)) * I(x,y)$$
$$= L(x,y,k\sigma) - L(x,y,\sigma) \qquad (2.15)$$

②特征点提取。

在高斯差分尺度空间,每一个检测点和它同尺度的 8 个相邻点和上下相邻尺度对应的 9×2 个点,共 26 个点比较,确定是否为极大值或极小值点,以确保在尺度空间和二维图像空间都检测到极值点所有的局部极值点,就构成了 SIFT 的候选关键点集合。由于 SIFT 候选关键点中还存在着一些低对比度点和不稳定的边缘响应点,所以必须过滤掉这些不稳定的点。在高斯空间可以设置阈值来剔除低对比度的极值点。对于受图像边缘离散卷积误差影响的极值点的去除,可以依据一个不好的高斯差分算子的极值点,在横跨边缘的地方有较大的主曲率,而在垂直边缘的方向有较小的主曲率的理论。主曲率通过一个 2×2 的 Hessian 矩阵求出：

$$H = \begin{bmatrix} D_{xx} & D_{xy} \\ D_{xy} & D_{yy} \end{bmatrix} \tag{2.16}$$

由于 D 的主曲率和 Hessian 矩阵 $\boldsymbol{H}$ 的特征值成正比,可简化为判断不等式,即

$$\frac{(trH)^2}{\det H} > \frac{(\gamma+1)^2}{\gamma} (\gamma = 10) \tag{2.17}$$

若式(2.17)成立,则可判定为边缘候选关键点需剔除。

③特征描述子提取。

每个关键点都需要指定方向参数,主要是通过关键点邻域像素的梯度方向来确定,使算子具备旋转不变性。

$$m(x,y) = \sqrt{\left[L(x+1,y) - L(x-1,y)\right]^2 + \left[L(x,y+1) - L(x,y-1)\right]^2} \tag{2.18}$$

$$\theta(x,y) = \tan^{-1}\{[L(x,y+1) - L(x,y-1)]/[L(x+1,y) - L(x-1,y)]\} \tag{2.19}$$

其中 $m(x,y)$ 为关键点处梯度模值,$\theta(x,y)$ 为关键点梯度方向,L 所用的尺度为每个关键点各自所在的尺度。

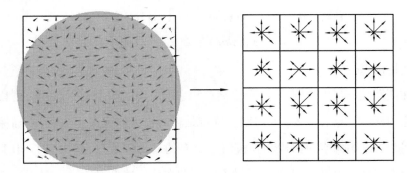

图 2.6　特征描述子

在以特征点为中心的邻域窗口内采样,并用直方图统计邻域像素的梯度方向。特征点处邻域梯度的主方向,可以用直方图中的峰值表示,为了保证旋转的不变性,需要将坐标轴旋转为特征点的方向。首先确定关键点邻域所在尺度空间

的 16 px × 16 px 大小的邻域,然后将此邻域平均分为 16 个窗口,再者计算每个窗口 8 个方向上的分量值,最后根据位置依次排序,可得到 128 维的 SIFT 特征向量,特征描述子如图 2.6 所示。

(2)基于 SURF 的图像配准

①建立 Hessian 矩阵

Hessian 矩阵是由德国数学家 Ludwin Otto Hessian 于 19 世纪提出的,它描述了函数的局部曲率,对于任意一个图像,其 Hessian 矩阵可表示为:

$$H(I(x,y)) = \begin{bmatrix} \dfrac{\partial^2 I}{\partial x^2} & \dfrac{\partial^2 I}{\partial x \partial y} \\[3mm] \dfrac{\partial^2 I}{\partial x \partial y} & \dfrac{\partial^2 I}{\partial y^2} \end{bmatrix} \qquad (2.20)$$

该矩阵的判别式为:

$$\text{Det}(H) = \frac{\partial^2 I}{\partial x^2} * \frac{\partial^2 I}{\partial y^2} - \frac{\partial^2 I}{\partial x \partial y} * \frac{\partial^2 I}{\partial x \partial y} \qquad (2.21)$$

经过高斯滤波变换后的黑塞矩阵如下:

$$H(x,y,\sigma) = \begin{bmatrix} L_{xx}(x,y,\sigma) & L_{xy}(x,y,\sigma) \\[2mm] L_{xy}(x,y,\sigma) & L_{yy}(x,y,\sigma) \end{bmatrix} \qquad (2.22)$$

据此,判别式也可用下式表示:

$$\text{Det}(H) = L_{xx} * L_{yy} - L_{xy} * L_{xy} \qquad (2.23)$$

通过这种方法可以计算出图像中每个像素点的 Hessian 行列式的决定值,并通过这个决定值来判断是否为特征点。为了提高运算速度,SURF 算法使用了盒式滤波器,为了平衡因为使用盒式滤波器近似带来的误差,我们对判别式做了一些改动。

$$\text{Det}(H) = L_{xx} * L_{yy} - (0.9 * L_{xy})^2 \qquad (2.24)$$

②构建尺度空间

SURF 的尺度空间由 O 组 S 层构成,与 SIFT 不同的是,SURF 中不同组之间的尺寸是相同的,而使用的盒式滤波器模板尺寸在不断增大,同组不同层图像使用相同尺寸滤波器,但滤波器的尺度空间因子在增大。

③特征点提纯并进行精确定位

SURF 是这样判断特征点的:将待检测点作为中心点,可以得到包含 3×3 个特征点的矩形区域,而这个检测点需要与这 8 个相邻的像素点进行比较,除此之外,还需要与其相邻的上下两层分别包含 3×3 个像素点进行比较,合起来一共需要同 26 个像素点进行比较,如图 2.7 所示。

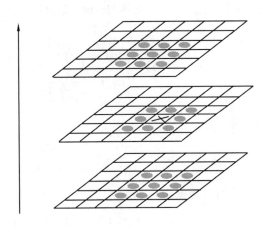

图 2.7　特征点比较

④计算特征点主方向

首先,找到特征点所在圆域,在这个圆形区域内,用 60°的扇形描绘,统计出扇形区域内所有像素点的水平,垂直 Harr 小波特征总和,然后每次以 0.2 弧度对扇形进行旋转,再次统计特征总和,最后将值最大的那个扇形方向作为这个特征点的主方向。

⑤生成特征描述子

首先提取特征点周围 4×4 个矩形区域块,该区域块方向是特征点的主方向,对每个子块再划分为 5×5 个区域,统计这 25 个像素点水平方向和垂直方向的 Harr 小波特征。这个小波特征包括 4 个方向,分别为水平方向值之和、水平方向绝对值之和、垂直方向之和、垂直方向绝对值之和。

2.4.3 基于 ORB 的图像配准

ORB(Oriented FAST and Rotated BRIEF) 算法从其全称可以看出,它是在 FAST 和 BRIEF 算法的基础上改进的,FAST 是一种特征点检测算法,BRIEF 则是一种特征描述算法。不过 FAST 算法没有解决尺度不变性并且没有方向。而 BRIEF 算法不具备旋转不变性,对噪声敏感以及不具备尺度不变性。ORB 算法是在这两种算法的基础上改进的,所以解决了其中部分缺陷。

再使用 FAST 算法提取特征点之后,为了实现特征点的旋转不变性,给它加上了一个特征点方向,其步骤如下所示:

①确定特征点。对于图像中的任意一点 P,以它为圆心画一个半径为 3 pixel 的圆,圆周上如果有连续的 n 个像素点的灰度值都比 P 点的灰度值大或者小,就认为 P 为特征点。

②筛选最优特征点。使用机器学习方法训练一个决策树,将特征点圆周上的像素加入到决策树中进行最优特征点的筛选。

③剔除比较密集的特征点。对每个特征点计算响应大小,保留响应值较大的特征点,其余的剔除掉。

④特征点尺度不变性。主要通过建立金字塔实现。

⑤特征点旋转不变性。ORB 算法主要通过灰度质心法来实现的。

灰度质心法假设质心与角度的灰度存在偏移,特征点坐标到质心形成一个向量作为该特征点的方向,任何一个特征点 p 其邻域像素的矩可表示为:

$$m_{pq} = \sum_{x,y \in r} x^p y^q I(x,y) \tag{2.25}$$

其中,$I(x,y)$ 表示的是图像灰度表达式,矩的质心为:

$$C = \left(\frac{m_{10}}{m_{00}} \quad \frac{m_{01}}{m_{00}} \right) \tag{2.26}$$

特征点与质心的夹角定义为 FAST 特征点的方向:

$$\theta = \arctan(m_{01}, m_{10}) \tag{2.27}$$

在使用改进的 FAST 算法中计算的特征点是有方向的,因此在此基础上,将 BRIEF 沿着特征点方向调整为 Steered BRIEF 时,虽然解决了旋转不变性,但是却破坏了原有 BRIEF 算法的描述子的可区分性,这个性质对于特征匹配结果的好坏影响非常大,描述子是对特征点的性质的描述。它表达了不同特征点之间的差异,因此在特征匹配过程中,我们得到的特征描述符要尽可能地表达这个特征点的差异和独特点。

为了解决描述子的区分性,ORB 算法使用了统计学习的方法重新选择点对集合。第一步建立了一个包含 300 k 个特征点的测试集,低于集合中的每个特征点,在其 31×31 邻域里面,对图像进行高斯平滑之后,某个点对的值用邻域中的某个点的 5×5 邻域灰度平均值替代,然后比较点对大小。

根据上面的叙述可知,共有$(31-5+1)\times(31-5+1)=729$ 个子窗口,共有 $M=265\,356$ 种取点对的方法。最关键的一步便是如何在这 M 中选取 256 个点对。

①对所有的特征点进行取点对,可以形成 $300\text{ k}\times M$ 的矩阵 Q,Q 的每列表示 300 k 个点按某种取法得到的二进制数。

②对每列求均值,并按均值重新排序,组成向量 T,T 中每个元素是一个列向量。将 T 的第一列向量加入到 R 中。

③T 的下一列向量和 R 中所有向量比较相关性,如果小于所设阈值,就加入到 R 中。

④循环步骤③,直到取得 256 个点对。

通过这 256 个点对形成二进制串的特征描述符,这就是 ORB 算法得到的特征描述符。

2.5   本章小结

本章主要介绍了分布估计算法的结构和主要模块划分,并给出文章中要用到的相关背景知识，如本书中用于多目标优化算法性能的测试指标，用于检测算法优越性统计分析方法和本书算法的相关应用领域；分别详细介绍了图像配准中基于变换域的图像配准、基于特征的图像配准、基于 SURF 的图像配准以及基于 ORB 的图像配准。

3 基于规则模型的无聚类 多目标分布估计算法

3.1 引 言

在宽松的条件下,根据 Kanlsh-Kullll-Tucker 准则可知,对于目标个数为 m 的连续多目标优化问题,其 Pareto 最优解集 PS(Pareto Set)的结构在决策空间是呈分段连续的 $(m-1)$ 维流形分布的。例如在连续双目标优化问题中,其 PS 结构就是决策空间中的一个 $(2-1)$ 维的流形,也就是一条分段连续的曲线;而对于连续三维目标优化问题来说,其 PS 结构就是决策空间中的一个 $(3-1)$ 维的流形,即一个分段连续的曲面。图 3.1 给出了连续双目标优化问题的 PS 结构示意图。事实上,在多目标优化领域被广泛使用的连续多目标测试函数集 ZDT 的 PS 结构都是线段。通常情况下,种群中的个体会随着优化过程的推进,逐渐均匀地分布到 PS 周围,因此,可以利用种群在决策空间中的分布信息来估计 PS 结构。以图 3.1 举例说明。在图中,实心点表示种群中的个体,可以看出它们是相对均匀地分散在 PS 周围的。那么在这种情况下,如果将种群中所有的个体假定为相互独立的随机变量 $\zeta \in R^n$,并且它们的中心就是 PS,那么种群个体 ξ 可表示为:

$$\xi = \zeta + \varepsilon \tag{3.1}$$

其中,ζ 表示在 $(m-1)$ 维分段连续流形结构上的均匀分布,ε 为 n 维 0 均值的噪声向量。

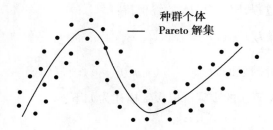

图 3.1　连续双目标优化问题的 PS 结构

　　基于规则模型的多目标分布估计算法 RM-MEDA（Regularity Model-Based Multiobjective EDA）是近年来 Zhang 等提出的非常优秀的多目标分布估计算法，RM-MEDA 的提出标志着 EDA 研究者第一次将分布估计算法融入到多目标进化算法框架中。RM-MEDA 在求解变量相关、非线性和凹空间等复杂的连续多目标优化问题上具有传统 MOEAs 算法无法比拟的优势，因此成为多目标优化领域的研究热点。RM-MEDA 虽然具有很多优势，但是也存在着致命缺陷。RM-MEDA 中的聚类类别数 K 需要人工指定，然而类别数 K 是依赖于具体问题的，因此不恰当的 K 值会严重影响算法的整体性能。针对 RM-MEDA 中存在的这个问题，我们提出了一个基于全变量高斯模型 FGM（Full variable Guassian Model）的去聚类操作 RM-MEDA，称为 FRM-MEDA（FGM-based RM-MEDA）。在 FRM-MEDA 中通过去聚类操作去除了聚类类别数对算法性能的影响，并引入 FGM 来保持种群的多样性。

3.2　RM-MEDA 算法

　　RM-MEDA 充分地利用了连续 MOPs 的 Pareto 解集的规则性，采用$(m-1)$-D 局部 PCA 模型来刻画当前种群中个体在决策空间中的分布，再通过采样概率模型得到优秀的新个体，使算法具有良好的性能。现有的研究表明，RM-MEDA 在具有变量连接、非线性和凹空间等特征的测试函数上表现出良好的收敛性和多样

性。在整个进化过程,RM-MEDA 始终保持:

①第 t 代种群为 $Pop(t) = \{\vec{x_1}, \vec{x_2}, \cdots, \vec{x_N}\}$;

②种群的评价函数值为: $\vec{F} = \vec{f}(\vec{x_1}), \vec{f}(\vec{x_2}), \cdots, \vec{f}(\vec{x_N})$ 。

则 RM-MEDA 算法的步骤可以大致描述为如下:

算法 3.1　RM-MEDA 算法步骤

算法名称:RM-MEDA

算法输入:种群大小 N
算法输出:非支配解集 $Pop(t)$ 、评价函数值 $\vec{F}$

---

0. 初始化:设置代数 $t = 0$。生成具有 N 个个体的初始种群 $Pop(0)$ 并计算种群中各个个体对应的评价函数值;

1. 终止条件检测:如果满足终止条件(达到最大迭代次数),则输出非支配解集 $Pop(t)$ 和相应的评价函数值 $\vec{F}$,否则转下一步;

2. 建模:建立概率模型 $(m-1) - D$ 局部 PCA 来描述当前种群 $Pop(t)$ 中个体解的分布;

3. 采样:采样概率模型 $(m-1) - D$ 局部 PCA 以生成新解集 Q,计算解集 Q 中各个个体对应的评价函数值;

4. 选择:从种群 $Q \cup Pop(t)$ 中选择 N 个个体来创建下一代种群 $Pop(t+1)$,设置代数 $t = t+1$ 并转向步骤 1。

下面,我们对 RM-MEDA 算法的建模、采样和选择新一代种群的过程进行详细介绍。

1)RM-MEDA 建模过程的一般步骤为:

(1)使用 $(m-1)$ 维局部 PCA 算法将种群 $Pop(t)$ 分为 K 类: $S^1, S^2, \cdots, S^K$;

(2)对于每一个类别 S^j,计算超矩形 Ψ^j

$$\Psi^j = \{x \in R^n \mid x = \bar{x^j} + \sum_{i=1}^{m-1} \alpha_i U_i^j\} \tag{3.2}$$

$$a_i^j = \min (x - \bar{x^j})^{\mathrm{T}} U_i^j \tag{3.3}$$

$$b_i^j = \max \ (x - \bar{x}^j)^{\mathrm{T}} U_i^j \tag{3.4}$$

$$a_i^j - 0.25 \, (b_i^j - a_i^j) \leqslant \alpha_i \leqslant b_i^j + 0.25 \, (b_i^j - a_i^j), \quad i = 1, \cdots, m - 1 \tag{3.5}$$

其中,数据的平均值为 $\bar{x}^j$, U_i^j 为第 j 个类别 S^j 的第 i 个主成分的方向,即为 S^j 中所有样本点的协方差矩阵的第 i 大特征值对应的特征向量。

2)RM-MEDA 的采样步骤如下:

对于每个类 S^j,根据它在每一维空间的最小值和最大值,计算 S^j 的模型 $\boldsymbol{\varPsi}^j$ 在 $m - 1$ 维空间的体积 $vol(\boldsymbol{\varPsi}^j)$:

$$vol(\boldsymbol{\varPsi}^j) = \prod_{i=1}^{m-1} \, (b_i^j - a_i^j) \tag{3.6}$$

根据每个类模型的空间体积 $vol(\boldsymbol{\varPsi}^j)$,计算新解产生于模型 $\boldsymbol{\varPsi}^j$ 的概率 Prob (A^i):

$$\mathrm{Prob}(A^j) = \frac{vol(\boldsymbol{\varPsi}^j)}{\sum\limits_{j=1}^{K} vol(\boldsymbol{\varPsi}^j)} \tag{3.7}$$

其中,A^j 表示当前产生的新个体是来自模型 $\boldsymbol{\varPsi}^j$ 的事件,$vol(\boldsymbol{\varPsi}^j)$ 是类模型 S^j 的超矩形模型的空间体积。

3)RM-MEDA 通过排序选择得到新一代种群的步骤如下:

(1)随机产生一个整数 $k \in \{1, 2, \cdots, K\}$,根据公式(3.7)计算事件为 k 时的概率;

(2)按照公式 $x = x' + \varepsilon$,产生新个体 x。其中 x' 是以事件为 k 时的概率从模型 $\boldsymbol{\varPsi}^j$ 中采样得到的数据点,ε 为服从 $N(0, \sigma_k I)$ 的一个噪声向量,其中,

$$\sigma_k = \frac{1}{n - m + 1} \sum_{i=m}^{n} \lambda_i^k \tag{3.8}$$

λ_i^k 表示 S^k 中的个体到其中心的偏移量。

(3)重复步骤 1),2)直到产生 N 个新个体。

然而,在算法执行的初始阶段,基于规则模型的多目标分布估计算法所构造的概率模型有时候不能很好地描述当前种群的分布,甚至南辕北辙。这是因

为在算法迭代早期,即模型探索阶段,在该阶段当前种群的分布规律尚未呈现,因此采用刻画当前种群的概率模型来产生新种群时,得到的种群一般情况下都与目标搜索方向相差甚远。另外,在基于规则的多目标分布估计算法中,种群中某些孤立的、但带有很好的收敛信息的优秀个体解非常容易被剔除,这将直接影响算法的收敛速度和收敛质量,从而难以应用于求解一些复杂优化问题。这些问题在 RM-MEDA 中的体现可以通过对其聚类过程进行深入分析来说明。

3.3　基于规则模型的无聚类多目标分布估计算法

从对 RM-MEDA 的介绍中可看出,建模过程在 RM-MEDA 算法中的重要性,想要获得更多更好的期望解,创建一个更精确的模型是很有必要的。在 RM-MEDA 的建模过程中,$(m-1)-D$ 局部 PCA 模型将种群分成了 K 个类别以刻画 K 个不同的流形。然而不同的问题具有不同的 PS 外形,从而需要的类别数 K 也是不同的。因此,如何在消除类别数 K 对算法影响的同时使算法保持良好性能是 FRM-MEDA 算法需要考虑的重要内容。

3.3.1　RM-MEDA 的类别数分析

RM-MEDA 求解 MOPs 的过程中,不同的 K 的设定会对算法性能造成不同程度的影响。在这一节,我们通过举例说明聚类类别数 K 的不同设置导致的不同问题以及其对算法性能造成的影响。假设一个 MOP 的 PS 外形如图 3.2 所示。

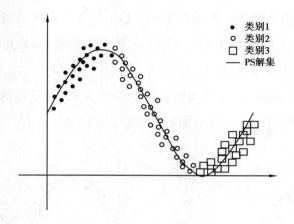

图 3.2　$K=3$ 时的聚类结果

显然在图 3.2 中,类别数 K 应该设置为 3。然而,在实际解决 MOPs 的过程中,K 往往是未知的。因此 K 的设置情况一般可以分为 3 类,即①符合实际情况;②小于实际情况;③大于实际情况。那么,如果 K 的设置不符合实际情况会出现什么现象呢?下面我们对此进行详细讨论。

第一种情况:K 的设置刚好符合实际情况,即 $K=3$,那么根据当前设置的 K 得到的聚类结果所建立的流形如图 3.3 所示。

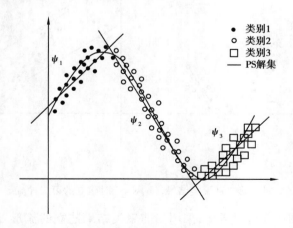

图 3.3　$K=3$ 时建立的流形 $\Psi_i(i=1,2,3)$

在 K 正好等于实际类别数的情况下,所建立的模型能非常有效地刻画 PS。

这是一种非常理想的情况。但是由于$(m-1)-D$局部 PCA 模型的聚类结果在一定程度上依赖于初始点的选择,本身具有不可预测性,因此并不能保证每一次设置的 K 值都刚好是理想的。

第二种情况:K 的设置小于实际情况,即假设 $K=2$,那么根据当前设置的 K 可能得到的聚类结果以及所建立的流形如图 3.4、图 3.5 所示。

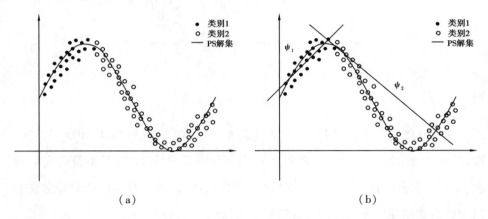

（a）　　　　　　　　　　　　　（b）

图 3.4　(a)$K=2$ 时的第一种聚类结果,(b)$K=2$ 时建立的第一种流形 $\Psi_i(i=1,2)$

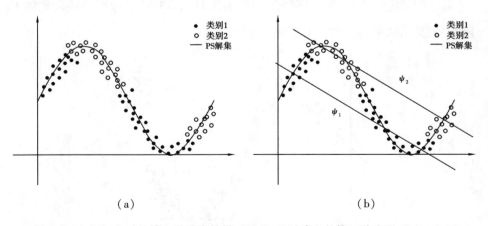

（a）　　　　　　　　　　　　　（b）

图 3.5　(a)$K=2$ 时的第二种聚类结果,(b)$K=2$ 时建立的第二种流形 $\Psi_i(i=1,2)$

从图 3.4、图 3.5 可以看出,采用当前聚类结果建立的流形 $\Psi_i(i=1,2)$ 并不能很好地刻画 PS 解集。特别是在图 3.5 中,各类别所建立的模型很难采样出大量的期望解,从而极大地降低算法的性能。更严重的是,由于建立不准确的或者完全不正确的模型,算法有可能无法收敛到 PS 解集。那么在这种情况下,RM-MEDA 算法就完全失去了意义。

第三种情况:K 的设置大于实际情况,即假设 $K=5$,那么根据当前设置的 K 可能得到的聚类结果以及所建立的流形如图 3.6 ~ 图 3.8 所示。

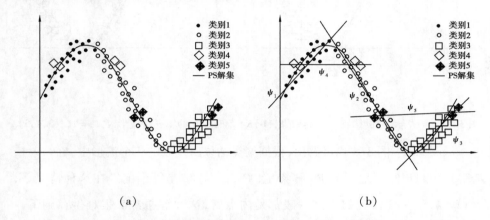

图 3.6　(a)$K=5$ 时的第一种聚类结果,(b)$K=5$ 时建立的第一种流形 $\Psi_i(i=1,2,3,4,5)$

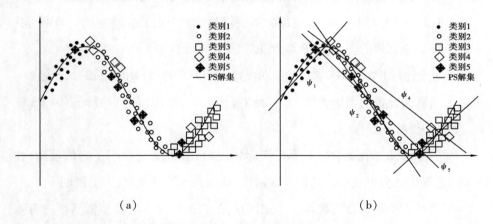

图 3.7　(a)$K=5$ 时的第二种聚类结果,(b)$K=5$ 时建立的第二种流形 $\Psi_i(i=1,2,3,4,5)$

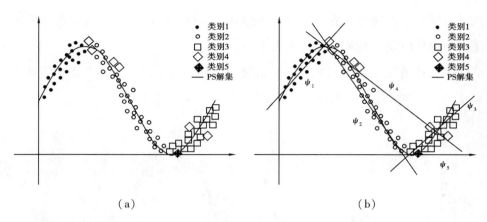

（a）   （b）

图 3.8　（a）$K=5$ 时的第三种聚类结果,（b）$K=5$ 时建立的第三种流形 $\Psi_i(i=1,2,3,4,5)$

　　从图 3.6～图 3.8 均可看出,根据聚类结果所建立的 5 个流形中,$\Psi_i(i=1,2,3)$ 已经可以很好地刻画 PS 解集了,$\Psi_i(i=4,5)$ 是冗余的。在这种情况下,$\Psi_i(i=4,5)$ 采样得到的个体一般都是内点解,这种解通常都很难生存到下一代。并且,每一代采样得到的内点解数量越多,则代价评估的次数也相应增加。另外,可以从图 3.8 中看出 Ψ_5 对应的类别仅包含一个点,这种情况下,类别 5 其实并不是一个有效的类,这种现象严重影响了 K 的设置。

　　通过上述对 RM-MEDA 算法的类别数的分析,我们可以得出以下 3 个结论:

　　①当算法设置的类别数 K 与实际情况一致时,算法可以很好地刻画 PS 解集,使算法保持良好性能;

　　②当算法设置的类别数 K 小于实际情况时,有可能建立不正确的模型,在刻画 PS 解集时会出现很大的偏差或错误,从而急剧地降低算法的性能;

　　③当算法设置的类别数 K 大于实际情况时,虽然建立的模型依然可以有效地刻画 PS 解集,但是存在冗余的或者不正确的流形,从而影响算法的收敛速度和收敛质量。

　　因此,一个更好的、更有效的基于规则模型的多目标分布估计算法不能忽视结论②和③。针对结论③,即算法设置的类别数 K 大于实际情况存在的问题,Wang 等于 2012 年提出了更有效的算法 IRM-MEDA（Improved version of

RM-MEDA）。在 Wang 等人的论文中,提出了一个去冗余算子 RRCO（Reducing Redundant Cluster Operator）使算法建立更准确的模型。而对于结论②,即算法设置的类别数 K 小于实际情况存在的问题,目前尚未有研究者解决。

3.3.2 去聚类操作

针对聚类类别数 K 小于实际情况导致的问题提出了一种解决思路。在 RM-MEDA 中,将聚类类别数 K 统一设置为 1,以消除类别数 K 对算法性能的影响。在 RM-MEDA 算法一文中分别具有凹面 PF 和凸面 PF 的 F5 和 F6 测试函数上对去聚类操作的 RM-MEDA 的性能进行了实验,算法的具体表现如图 3.9、图 3.10 所示。

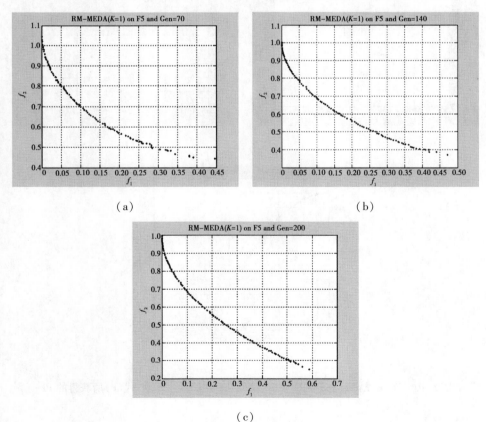

图 3.9　F5 测试函数上分别在第 70 代（a）、140 代（b）和 200 代（c）所获得的 PF

由图 3.9、图 3.10 可以看出,在最大迭代次数为 200 的情况下,无论是 F5 还是 F6,分别在第 70、140 及 200 代所算法获得的非支配前沿 PF 都不能涵盖整个值域 $[0,1]$。这表明算法 RM-MEDA 在 $K = 1$ 的情况下完全失去了多样性。因此,在去聚类操作的基础上,应该引入其他策略来保证种群的多样性,否则去聚类操作是毫无意义的。基于此,我们对多种概率模型进行了分析,分析结果发现,能使种群保持良好多样性的、最简洁的概率模型是全变量高斯模型 FGM (Full variable Guassian Model)。下面对此 FGM 进行了分析。

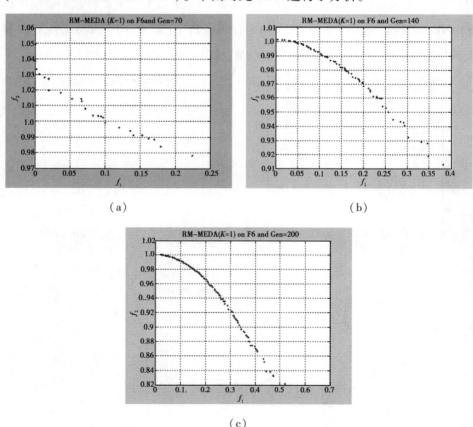

(a)   (b)

(c)

图 3.10   F6 测试函数上分别在第 70 代(a)、140 代(b)及 200 代(c)所获得的 PF

3.3.3 全变量高斯模型

全变量高斯模型 FGM 是指多维高斯模型中的所有的随机变量 X_i 都互不独立、相互关联。高斯模型是非常著名的概率统计模型。高斯概率密度函数是正态分布曲线,即在高斯概率密度函数中,通常假设误差是正态分布的。正态分布的概念于 1733 年被首次提出,由德国数学家高斯率先将其应用于天文学研究,故正态分布又称高斯分布。而高斯模型就是利用正态分布曲线来量化事物,将事物刻画为基于高斯概率密度函数而形成的模型。当我们要考虑的对象包含多个随机变量时,我们需要用到多元统计分析。多元统计分析就是研究多个随机变量(即多维随机变量)的统计规律的。假设有 n 个随机变量 X_1, X_2, $\cdots$, X_n 构成的 n 维列向量,即

$$\vec{X} = \begin{bmatrix} X_1 \\ X_2 \\ \vdots \\ X_p \end{bmatrix} = (X_1, X_2, \cdots, X_n)^\mathrm{T} \tag{3.9}$$

则 $\vec{X}$ 为 n 维随机向量, n 元函数 $F(x_1, x_2, \cdots, x_n) = P\{X_1 \leqslant x_1, X_2 \leqslant x_2, \cdots, X_n \leqslant x_n\}$ 称为随机向量 $\vec{X} = (X_1, X_2, \cdots, X_n)^\mathrm{T}$ 的分布函数,或 $X_1, X_2, \cdots, X_n$ 的联合分布函数。当 $X_1, X_2, \cdots, X_n$ 服从正态分布时,对应的概率密度函数为:

$$f(x_1, x_2, \cdots, x_n) = \frac{1}{(2\pi)^{n/2} |\sum|^{1/2}} \exp(-1/2\, (x-\mu)^\mathrm{T} \sum{}^{-1} (x-\mu)) \tag{3.10}$$

$$\sum = \begin{bmatrix} \sigma_{11} & \cdots & \sigma_{1n} \\ \vdots & \ddots & \vdots \\ \sigma_{n1} & \cdots & \sigma_{nn} \end{bmatrix} \tag{3.11}$$

其中,μ 为均值,$\sum$ 为协方差矩阵。用此概率密度函数量化事物得到的模型称为多维高斯模型。

利用 FGM 作为概率模型,我们设计了一个简单的多目标分布估计算法,该算法用来求解具有变量连接的双目标测试函数 F1 和 F2。选择 F1 和 F2 作为测试函数是因为 F1 和 F2 分别拥有凸面和凹面的非支配前沿 PF,非常具有代表性。算法代码采用分布估计算法工具箱 MatEDA(Matlab toolbox MatEDA)来实现。种群大小、变量维数和最大迭代次数分别设置为 100、30 和 100。在每一代,种群中 50% 的非支配解被用来建模,即 $\tau=0.5$。图 3.11、图 3.12 给出算法测试结果。

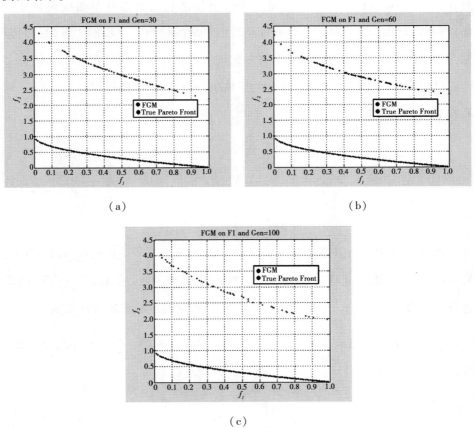

（a）   （b）

（c）

图 3.11 F1 测试函数上分别在第 30 代(a)、60 代(b)及 100 代(c)所获得的 PF

从图 3.11、图 3.12 可以看出,虽然基于 FGM 构造的简单多目标分布估计算法由于太简陋不能很好地逼近 F1 和 F2 的真实前沿,但是无论在开始阶段

（30 代）、中间阶段（60 代）还是最大迭代次数 100 代时，所构造的基于 FGM 的算法都使 PS 解集保持了良好的多样性。因此，全变量高斯模型 FGM 的加入可以使去聚类操作 RM-MEDA 保持良好的多样性，从而提高 RM-MEDA 在类别数 K 小于实际情况下的性能。结合去聚类操作和 FGM，我们提出了基于规则模型的无聚类多目标分布估计算法 FRM-MEDA。

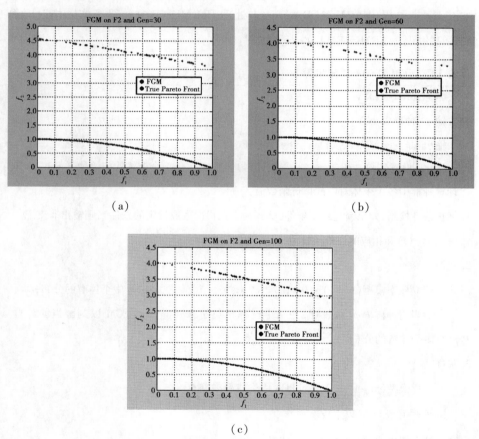

图 3.12　F2 测试函数上分别在第 30 代（a）、60 代（b）及 100 代（c）所获得的 PF

3.3.4　FRM-MEDA 算法

在 RM-MEDA 中，聚类过程至关重要，不同的类别数设计直接影响着算法的整体性能。为了降低聚类过程的影响,增强算法 RM-MEDA 的鲁棒性,在这一节中,给出了一个没有聚类过程的 RM-MEDA 算法 FRM-MEDA(RGM-based RM-MEDA)。在 FRM-MEDA 中,直接去掉了聚类过程,并且加入了 FGM 模型来弥补去掉聚类过程后算法多样性的缺失。另外,全变量高斯模型的简约、耗时低以及容易编码实现等特性也是选择 FGM 作为 FRM-MEDA 概率模型的理由之一。本书提出 FRM-MEDA 算法来处理 RM-MEDA 中 K 小于实际情况时算法出现的问题,FRM-MEDA 的步骤如下:

算法 3.2   FRM-MEDA 算法步骤

算法名称:FRM-MEDA

算法输入:种群大小 N

算法输出:非支配解集 $Pop(t)$、评价函数值 $\overrightarrow{F}$

0. 初始化:设置代数 $t=0$,$K=1$(无聚类过程)。生成具有 N 个个体的初始种群 $Pop(0)$ 并计算种群中各个个体对应的评价函数值;

1. 终止条件检测:如果满足终止条件(达到最大迭代次数或设定的条件),则输出非支配解集 $Pop(t)$ 和相应的评价函数值 $\overrightarrow{F}$,否则转下一步;

2. 建模:

　　①建立概率模型 $(m-1)-D$ 局部 PCA 来描述当前种群 $Pop(t)$ 中个体解的分布;

　　②对当前种群 $Pop(t)$ 排序,并从中选择精英解来建立模型 FGM 以刻画当前种群 $Pop(t)$ 中个体解的分布;

3. 采样:

　　a. 采样模型 $(m-1)-D$ 局部 PCA 以生成新种群 Q_{t1};

　　b. 采样模型 FGM 以生成新种群 Q_{t2};

　　c. 计算解集 Q_{t1} 和 Q_{t2} 中各个个体对应的评价函数值;

4. 选择:从种群 Q_{t1}、Q_{t2} 和 $Pop(t)$ 中选择 N 个个体来创建下一代种群 $Pop(t+1)$,设置代数 $t=t+1$ 并转向步骤 1。

为了更直观地描述 FRM-MEDA,图 3.13 给出了 FRM-MEDA 的图形框架。

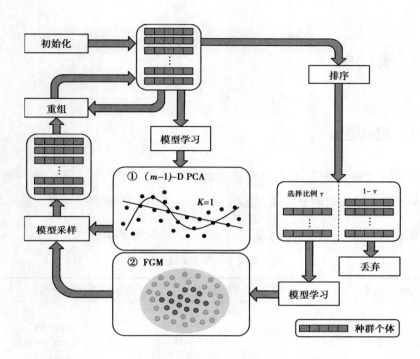

图 3.13　FRM-MEDA 框架

在 FRM-MEDA 的整个优化过程中,类别个数 K 始终固定为 1,这是 K 小于实际情况的极端设置,也相当于在 RM-MEDA 中去掉了聚类过程。算法过程中关于模型 $(m-1)-D$ 局部 PCA 的建模、采样和选择操作均与 RM-MEDA 算法保持一致。而对于 FGM 的建模过程,首先采用非支配排序算法对当前种群进行排序,然后采用截断选取法选择比例为 $\tau=10\%$ 的精英解,并将选取的精英解作为全变量高斯模型的随机变量 $\vec{X}=(s_1,s_2,\cdots,s_{N*10\%})^T$,从而建立 FGM 模型。而对 FGM 模型采样生成的随机变量 s 则服从于多维高斯分布,即 $s\sim(\mu,\sum)$。

3.4 实 验

3.4.1 测试函数

为了保证算法评价结果具有合理性,本书直接采用原文献[90]中 RM-MEDA 具有变量连接的 9 个测试函数 F1 ~ F9 来作为算法测试函数。具体测试函数如表 3.1 所示,其中 $f_i(\vec{x})$ 是目标函数,$g(\vec{x})$ 为约束函数。

表 3.1　测试函数

测试实例	变量	目标函数	函数特征
F1	$[0,1]^n$	$f_1(\vec{x}) = x_1$ $f_2(\vec{x}) = g(\vec{x})[1 - \sqrt{f_1(\vec{x})/g(\vec{x})}\,]$ $g(\vec{x}) = 1 + 9[\sum_{i=2}^{n}(x_i - x_1)^2]/(n-1)$	convex PF linear variable linkage $n = 50$
F2	$[0,1]^n$	$f_1(\vec{x}) = x_1$ $f_2(\vec{x}) = g(\vec{x})[1 - (f_1(\vec{x})/g(\vec{x}))^2]$ $g(\vec{x}) = 1 + 9[\sum_{i=2}^{n}(x_i - x_1)^2]/(n-1)$	concave PF linear variable linkage $n = 50$
F3	$[0,1]^n$	$f_1(\vec{x}) = 1 - \exp(-4x_1)\sin^6(6\pi x_1)$ $f_2(\vec{x}) = g(\vec{x})[1 - (f_1(\vec{x})/g(\vec{x}))^2]$ $g(\vec{x}) = 1 + 9\left[\sum_{i=2}^{n}(x_i - x_1)^2/9\right]^{0.25}$	concave PF non-uniformly distributed linear variable linkage $n = 50$
F4	$[0,1]^n$	$f_1(\vec{x}) = \cos(0.5\pi x_1)\cos(0.5\pi x_2)(1 + g(\vec{x}))$ $f_2(\vec{x}) = \cos(0.5\pi x_1)\sin(0.5\pi x_2)(1 + g(\vec{x}))$ $f_3(\vec{x}) = \sin(0.5\pi x_1)(1 + g(\vec{x}))$ $g(\vec{x}) = \sum_{i=3}^{n}(x_i - x_1)^2$	concave PF linear variable linkage 3 objectives $n = 50$

测试实例	变量	目标函数	函数特征
F5	$[0,1]^n$	$f_1(\vec{x}) = x_1$ $f_2(\vec{x}) = g(\vec{x})[1 - \sqrt{f_1(\vec{x})/g(\vec{x})}]$ $g(\vec{x}) = 1 + 9[\sum_{i=2}^{n}(x_i^2 - x_1)^2]/(n-1)$	convex PF nonlinear variable linkage $n = 50$
F6	$[0,1]^n$	$f_1(\vec{x}) = \sqrt{x_1}$ $f_1(\vec{x}) = x_1$ $f_2(\vec{x}) = g(\vec{x})[1 - (f_1(\vec{x})/g(\vec{x}))^2]$ $g(\vec{x}) = 1 + 9[\sum_{i=2}^{n}(x_i^2 - x_1)^2]/(n-1)$	concave PF nonlinear variable linkage $n = 50$
F7	$[0,1]^n$	$f_1(\vec{x}) = 1 - \exp(-4x_1)\sin^6(6\pi x_1)$ $f_2(\vec{x}) = g(\vec{x})[1 - (f_1(\vec{x})/g(\vec{x}))^2]$ $g(\vec{x}) = 1 + 9\left[\sum_{i=2}^{n}(x_i^2 - x_1)^2/9\right]^{0.25}$	concave PF non-uniformly distributed nonlinear variable linkage $n = 50$
F8	$[0,1]^n$	$f_1(\vec{x}) = \cos(0.5\pi x_1)\cos(0.5\pi x_2)(1 + g(\vec{x}))$ $f_2(\vec{x}) = \cos(0.5\pi x_1)\sin(0.5\pi x_2)(1 + g(\vec{x}))$ $f_3(\vec{x}) = \sin(0.5\pi x_1)(1 + g(\vec{x}))$ $g(\vec{x}) = \sum_{i=3}^{n}(x_i^2 - x_1)^2$	concave PF nonlinear variable linkage 3 objectives $n = 50$
F9	$[0,1] \times [0,10]^{n-1}$	$f_1(\vec{x}) = x_1$ $f_2(\vec{x}) = g(\vec{x})[1 - (\sqrt{f_1(\vec{x})/g(\vec{x})}]$ $g(\vec{x}) = 1/4\,000\sum_{i=2}^{n}(x_i^2 - x_1)^2 -$ $\prod_{i=2}^{n}\cos((x_i^2 - x_1)/\sqrt{i-1}) + 2$	concave PF nonlinear variable linkage multimodal with Griewank function $n = 50$

如表 3.1 所示,根据测试函数中的变量连接形式,所有的测试函数被分为两类:线性变量连接(F1 ~ F4)和非线性变量连接(F5 ~ F9)。

3.4.2 实验设置

首先,在 FRM-MEDA 中,K 全程设置为 1。为保证算法性能对比的公正,对比算法设置为 RM-MEDA($K = AVE_K$)和 RM-MEDA($K = 1$)。其中,AVE_K 为原算法 RM-MEDA 中对应测试函数所设置的类别数的均值,在本书中为双目标测试函数设置为 2,3 目标测试函数设置为 3。然后,为算法 FRM-MEDA 和 RM-MEDA 在所有测试函数上设置相同的种群大小和采样个体数,采样个体数与种群大小保持一致。具体的数值为双目标测试函数 100,3 目标测试函数 200。各算法在所有测试函数上的决策变量维数均设置为 50,这相比原 RM-MEDA 的 30 来说相对复杂。在每一个测试函数上,各算法均独立运行 20 次以降低实验结果的随机性。针对各个测试函数,设置同样的最大评价次数。其中 F1、F2 和 F4 为 10 000,F5、F6 和 F8 为 20 000,F3 和 F7 为 100 000,F9 为 50 000。由于各测试函数的可行解空间为一个超矩形,因此对于每次采样得到一个超出边界的新解时,都需要将其变换为一个超矩形边界内的随机数,这个操作使用工具 MatEDA 中的修复函数来实现。算法的评价指标为世代距离 GD 和 Δ 度量。这两个指标均在 2.2 节有详细介绍。其中 GD 用来评价算法的收敛质量,而 Δ 度量值用来评价收敛种群的多样性。

Nebro 等提出的超体积 HV(Hyper-Volume)被用来作为算法的终止条件。关于 HV 在 2.2 节有具体介绍。在该条件下,一旦算法获取的 PS 解集的 $HV(P)$ 值超过测试函数真实前沿 PF 所对应的解集的 $HV(P^*)$ 值的 98%,我们就认为一个针对真实前沿 PF 的合理逼近已经达成。因此终止条件可以表示为不等式,即

$$\frac{\mid HV(P) - HV(P^*) \mid}{HV(P) + HV(P^*)} \leqslant 0.02 \tag{3.12}$$

另外,由 Wang 等提出的速度指标 AR(Acceleration Rate)也被用来测量算法的运行速度。他们在文章中指出,与函数评价次数 FES (Number of Function Evaluations)有关的 AR 代表了算法 IRM-MEDA 相对于 RM-MEDA 在速度上的增长率。在这里,我们用 AR 表示算法 FRM-MEDA 相对于 RM-MEDA 在速度上的增长率,具体的公式为:

$$AR = \frac{AVE_{\text{RM-MEDA}} - AVE_{\text{FRM-MEDA}}}{AVE_{\text{RM-MEDA}}} \tag{3.13}$$

其中,$AVE_{\text{RM-MEDA}}$ 和 $AVE_{\text{FRM-MEDA}}$ 分别代表了两个算法的平均函数评价次数。AR 的结果即算法的收敛速度评价结果。

3.4.3 实验结果及分析

所有的对比结果都是基于统计分析的。为了检验对比结果的统计差异,本书用到的统计分析方法是 Wilcoxon 符号秩和检验法。在此,用 Wilcoxon 符号秩检验法来两两检验 FRM-MEDA 是否显著优于 RM-MEDA ($K = AVE_K$)和 RM-MEDA ($K = 1$),显著性水平设置为 0.05。Wilcoxon 符号秩检验法的具体步骤见 2.3 节。

(1)收敛速度

各测试函数的最大函数评价次数已在实验设置中给出。在算法独立运行的 20 轮的每一轮中,我们将其真实的函数评价次数记录下来,再计算出 20 轮的所有函数评价次数的均值"Mean FES"和标准差"Std Dev",以此作为各算法运行速度的结果展示。然后再计算对应的 AR 值。具体的对比结果见表 3.2。

从表 3.2 可以看出 FRM-MEDA 和 RM-MEDA ($K = AVE_K$)均明显快于 RM-MEDA($K = 1$),其中又以 FRM-MEDA 的速度最快。FRM-MEDA 比 RM-MEDA ($K = AVE_K$)节约了 21% 的时间,比 RM-MEDA ($K = 1$)节约了 72% 的时间。这个结果也说明了,当类别数 K 小于实际情况时,算法的运行时间也会大大提升。这是因为该情况下所建立的不准确的或者完全错误的模型误导了算法的优化方向。

表 3.2　20 轮独立运行的收敛速度统计结果

测试实例	FRM-MEDA Mean FES ± Std Dev (×10³)	RM-MEDA（不同 K 值） Mean FES ± Std Dev(×10³)/AR	
		$K = 1$	$K = AVE_K$
F1	5.450 ±1.786 4	22.070 ±2.717 2 /75%	6.965 ±0.427 1 /22%
F2	8.110 ±0.712 2	36.940 ±5.877 0 /78%	9.015 ±0.679 2 /11%
F3	110.610 ±7.281 3	318.060 ±26.647 /65%	171.325 ±20.935 /35%
F4	17.220 ±1.638 9	159.960 ±3.182 8 /89%	26.000 ±8.049 8 /34%
F5	10.400 ±3.317 9	47.365 ±5.627 6 /78%	11.690 ±3.161 1 /11%
F6	13.180 ±1.766 8	35.510 ±4.918 4 /63%	16.010 ±1.789 7 /18%
F7	144.450 ±15.443	394.190 ±35.324 /63%	158.610 ±14.189 /9%
F8	42.240 ±12.085	168.200 ±24.623 /75%	65.550 ±16.283 /36%
F9	23.400 ±3.931 8	61.090 ±10.381 /62%	26.510 ±3.437 1 /12%
Mean of AR		72%	21%

（2）收敛质量

表 3.3　20 轮独立运行的收敛质量统计结果

测试实例	The number of FES	FRM-MEDA Mean GD ± Std Dev (×10⁻³)	RM-MEDA Mean GD ± Std Dev (×10⁻³)	
			$K = 1$	$K = AVE_K$
F1	10 000	0.284 2 ±0.177 1	5.143 8 ±0.070 7	0.330 4 ±0.178 8
F2	10 000	0.115 9 ±0.006 7	3.533 3 ±0.099 2	0.116 9 ±0.014 9
F3	200 000	3.879 0 ±0.410 3	98.684 7 ±39.019 0	11.220 0 ±2.522 7
F4	30 000	1.395 6 ±0.068 5	414.645 9 ±66.075 4	5.557 3 ±8.893 6
F5	20 000	0.681 3 ±0.063 7	0.907 7 ±0.484 0	0.854 2 ±0.980 4
F6	20 000	0.733 1 ±0.083 9	1.210 4 ±0.488 2	1.124 9 ±1.578 0
F7	200 000	21.076 7 ±9.656 0	54.095 3 ±364.429 0	39.149 9 ±2.004 4
F8	100 000	3.526 5 ±0.030 3	298.980 2 ±100.624 9	22.413 8 ±28.796 2
F9	30 000	1.781 8 ±0.857 0	4.843 6 ±1.906 7	1.583 5 ±0.686 9

算法的收敛质量由性能指标 GD 来评估。在这个实验中,我们为所有的算法在各个测试函数上设置一致的最大函数评价次数 FES,具体的数值如表 3.3 所示。在算法独立运行的 20 轮的每一轮中,我们将其真实的 GD 记录下来,再计算出 20 轮的所有 GD 的均值"Mean GD"和标准差"Std Dev",以此作为各算法收敛质量的结果展示。具体的对比结果见表 3.3。

从表 3.3 中可以看出,在 F9 之外的所有的测试函数上,算法 FRM-MEDA 的 GD 值均小于 RM-MEDA ($K=1$) 和 RM-MEDA ($K=AVE_K$)。在 F9 测试函数上,算法 FRM-MEDA 的 GD 值依然小于 RM-MEDA ($K=1$),且与 RM-MEDA ($K=AVE_K$) 的 GD 值相差不大。这表明 FRM-MEDA 算法在收敛质量上是非常优秀的。同时,根据 Wilcoxon 符号秩和检验法,表 3.4 给出了在显著性水平为 0.05 时各算法之间在收敛质量上的显著性差异。"R^+"表示第一个算法在该测试函数上优于第二个算法的秩和,且 p 值为"p-value","R^-"表示相反意思。

表 3.4 在 Wilcoxon 符号秩和检验法显著性水平 0.05 下的收敛质量显著性结果

测试实例	Comparison (R^+, R^- and $p-value$) on GD					
	FRM-MEDA vs RM-MEDA ($K=1$)			FRM-MEDA vs RM-MEDA ($K=AVE_K$)		
	R^+	R^-	$p-value$	R^+	R^-	$p-value$
F1	20	0	0.000	12	8	0.279
F2	20	0	0.000	10	10	0.970
F3	20	0	0.000	20	0	0.000
F4	20	0	0.000	18	2	0.000
F5	18	2	0.001	3	17	0.927
F6	19	1	0.000	9	11	0.709
F7	17	3	0.002	20	0	0.000
F8	20	0	0.000	14	6	0.015
F9	18	2	0.000	9	11	0.654

表 3.4 呈现的结果再一次从统计的角度说明了 FRM-MEDA 算法在收敛质量上显著优于 RM-MEDA ($K=1$),同时在收敛质量上与 RM-MEDA ($K=AVE_K$)不相上下。

(3)种群多样性

算法求解得到的种群的多样性由性能指标 Δ 度量值来评估。K 值的设置和最大函数评价次数 FES 均与收敛质量实验一致。在算法独立运行的 20 轮的每一轮中,我们将其真实的度量值记录下来,再计算出 20 轮的所有 Δ 度量值的均值"Mean Δ"和标准差"Std Dev",以此作为各算法收敛质量的结果展示。具体的对比结果见表 3.5。

从表 3.5 可以看出,在所有的测试函数上,算法 FRM-MEDA 的 Δ 度量值均小于 RM-MEDA ($K=1$),且和 RM-MEDA ($K=AVE_K$)不相上下。这表明 FRM-MEDA 算法获得很好的种群多样性分布。同时,根据 Wilcoxon 符号秩和检验法,表 3.6 给出了在显著性水平为 0.05 时各算法之间在种群多样性上的显著性差异。

表 3.5　20 轮独立运行的种群多样性统计结果

测试实例	The number of FES	FRM-MEDA Mean Δ ± Std Dev	RM-MEDA Mean Δ ± Std Dev	
			$K=1$	$K=AVE_K$
F1	20 000	0.186 2 ±0.012 4	0.371 6 ±0.034 1	0.189 1 ±0.014 2
F2	20 000	0.185 8 ±0.008 6	0.333 5 ±0.099 1	0.190 7 ±0.009 6
F3	100 000	0.586 4 ±0.007 3	0.946 9 ±0.124 2	0.609 1 ±0.009 9
F4	30 000	0.702 7 ±0.022 0	0.770 5 ±0.046 2	0.588 9 ±0.026 8
F5	20 000	0.185 1 ±0.011 3	0.489 8 ±0.087 6	0.180 0 ±0.024 4
F6	20 000	0.193 4 ±0.018 2	0.528 0 ±0.293 3	0.193 6 ±0.067 5
F7	200 000	0.813 7 ±0.098 5	1.113 5 ±0.250 3	0.708 2 ±0.097 6
F8	30 000	0.646 6 ±0.024 6	1.092 8 ±0.096 5	0.792 8 ±0.315 7
F9	100 000	0.211 2 ±0.069 4	0.558 1 ±0.397 4	0.210 5 ±0.037 1

表 3.6　在 Wilcoxon 符号秩和检验法显著性水平 0.05 下的种群多样性显著性结果

| 测试实例 | Comparison (R^+, R^- and $p-value$) on Δ | | | | | |
| | FRM-MEDA vs RM-MEDA ($K=1$) | | | FRM-MEDA vs RM-MEDA ($K=AVE_K$) | | |
	R^+	R^-	$p-value$	R^+	R^-	$p-value$
F1	20	0	0.000	11	9	0.502
F2	20	0	0.000	14	6	0.093
F3	20	0	0.000	19	1	0.000
F4	17	3	0.000	0	20	1.000
F5	20	0	0.000	5	15	0.865
F6	17	3	0.001	6	14	0.855
F7	19	1	0.000	4	16	0.995
F8	20	0	0.000	8	12	0.668
F9	18	2	0.001	10	10	0.502

　　表 3.6 呈现的结果再一次从统计的角度说明了 FRM-MEDA 算法在种群多样性分布上显著优于 RM-MEDA ($K=1$)，同时与 RM-MEDA ($K=AVE_K$) 不相上下。

（4）各算法在所有测试函数上的非支配前沿

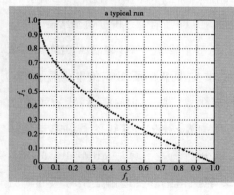

（a）

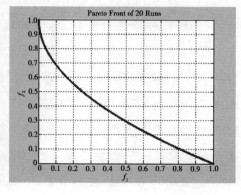

（b）

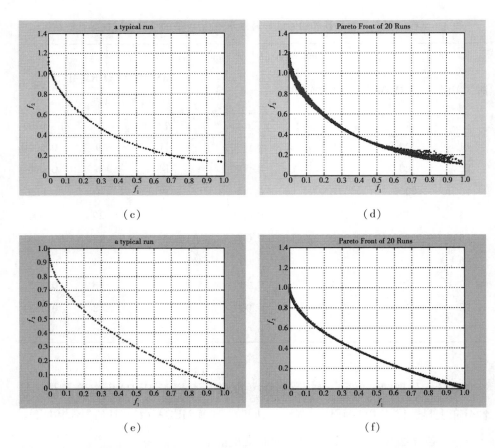

图 3.14　F1 测试函数上算法 FRM-MEDA, RM-MEDA（$K=1$）和 RM-MEDA（$K=AVE_K$）

分别获得的最终 PS 所对应的 PF 和 20 轮获得的 PS 所对应的 PF 的叠加结果

图 3.14 ~ 图 3.20 和图 3.22、图 3.23 展示了算法 FRM-MEDA, RM-MEDA（$K=1$）和 RM-MEDA（$K=AVE_K$）所获得的非支配解集所对应的非支配前沿。在图 3.14 ~ 图 3.20 和图 3.22、图 3.23 中子图（a）、（c）和（e）分别代表了算法 FRM-MEDA, RM-MEDA（$K=1$）和 RM-MEDA（$K=AVE_K$）获得的最终非支配解集所对应的非支配前沿；子图（b）、（d）和（f）分别代表了算法 FRM-MEDA, RM-MEDA（$K=1$）和 RM-MEDA（$K=AVE_K$）20 轮获得的非支配解集所对应的非支配前沿的叠加结果。各算法的收敛质量和种群多样性在图 3.14 ~ 图 3.20 和图 3.22、图 3.23 上一目了然。

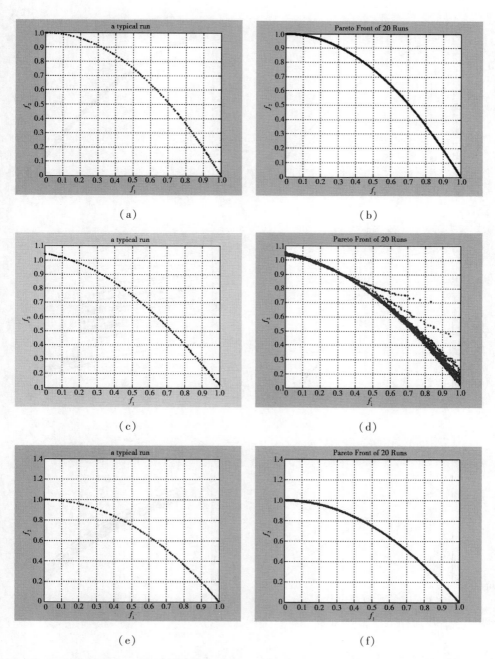

图 3.15　F2 测试函数上算法 FRM-MEDA，RM-MEDA（$K=1$）和 RM-MEDA（$K=AVE_K$）

分别获得的最终 PS 所对应的 PF 和 20 轮获得的 PS 所对应的 PF 的叠加结果

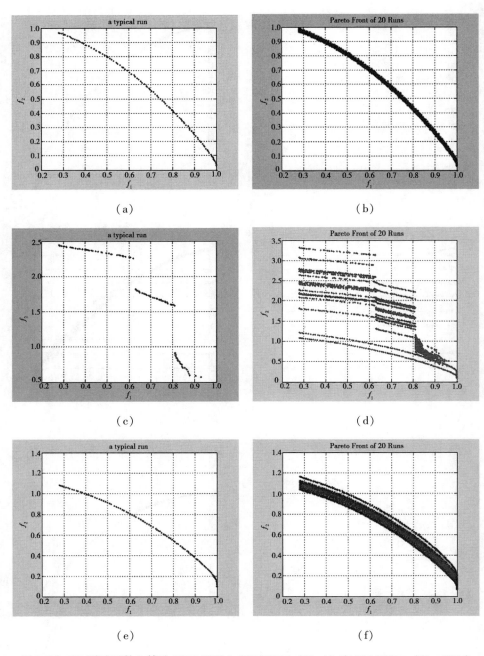

图 3.16   F3 测试函数上算法 FRM-MEDA, RM-MEDA ($K=1$) 和 RM-MEDA ($K=AVE_K$)

分别获得的最终 PS 所对应的 PF 和 20 轮获得的 PS 所对应的 PF 的叠加结果

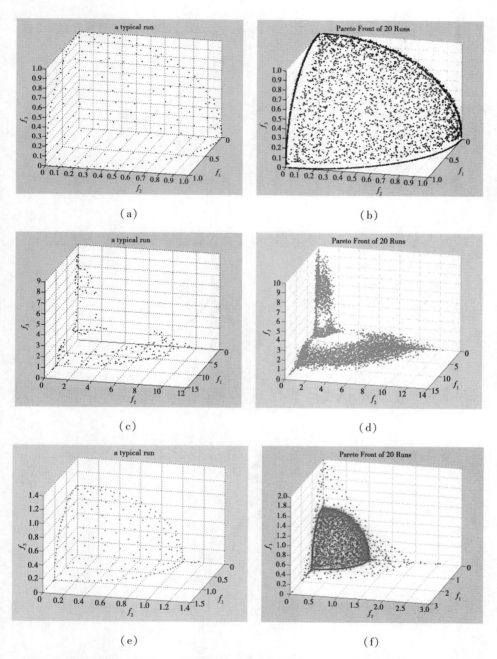

图 3.17　F4 测试函数上算法 FRM-MEDA, RM-MEDA（$K=1$）和 RM-MEDA（$K=AVE_K$）

分别获得的最终 PS 所对应的 PF 和 20 轮获得的 PS 所对应的 PF 的叠加结果

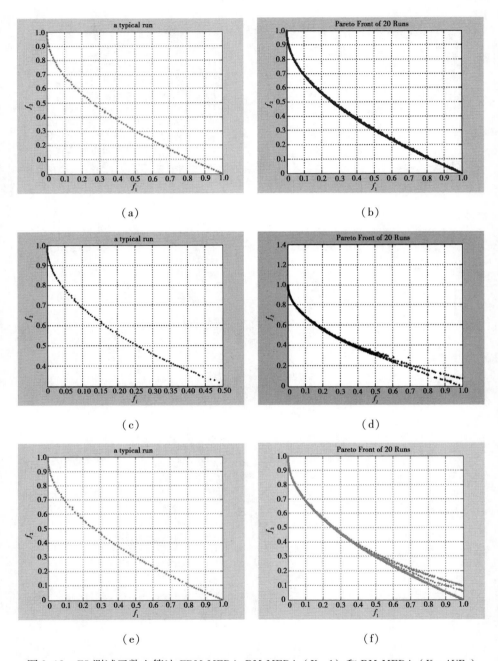

图 3.18　F5 测试函数上算法 FRM-MEDA, RM-MEDA（$K=1$）和 RM-MEDA（$K=AVE_K$）

分别获得的最终 PS 所对应的 PF 和 20 轮获得的 PS 所对应的 PF 的叠加结果

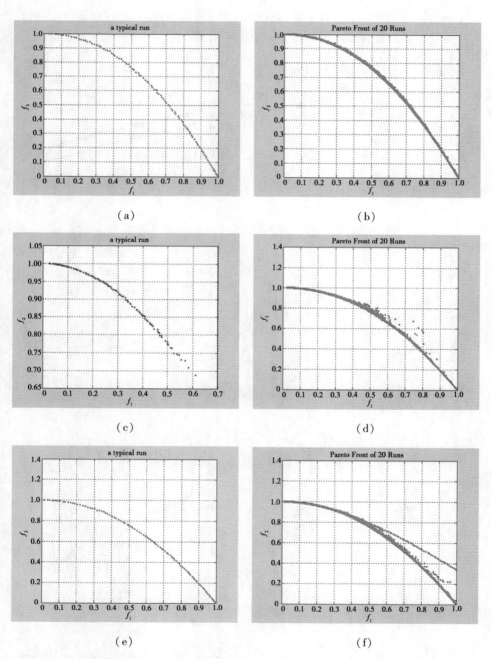

图 3.19　F6 测试函数上算法 FRM-MEDA，RM-MEDA（$K=1$）和 RM-MEDA（$K=AVE_K$）

分别获得的最终 PS 所对应的 PF 和 20 轮获得的 PS 所对应的 PF 的叠加结果

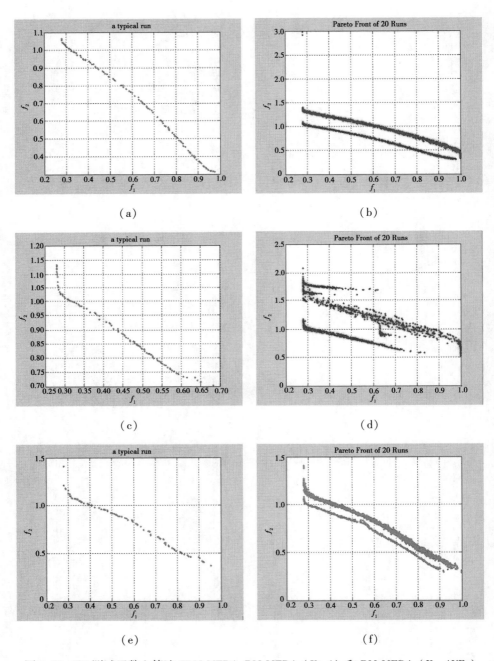

图 3.20   F7 测试函数上算法 FRM-MEDA, RM-MEDA ($K=1$) 和 RM-MEDA ($K=AVE_K$)

分别获得的最终 PS 所对应的 PF 和 20 轮获得的 PS 所对应的 PF 的叠加结果

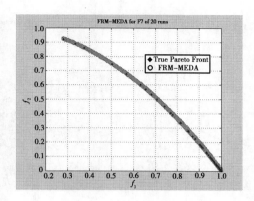

图 3.21 加入新策略后 F7 测试函数上算法 FRM-MEDA20 轮获得的 PS 所对应的 PF 的叠加结果

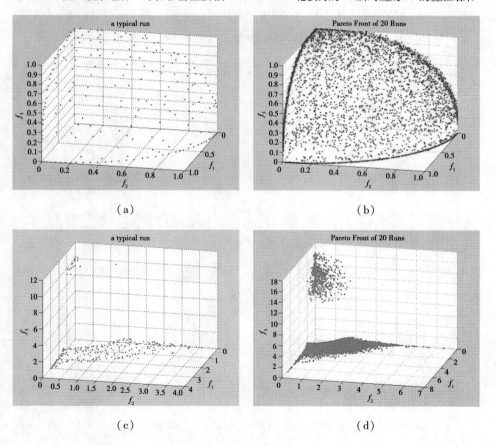

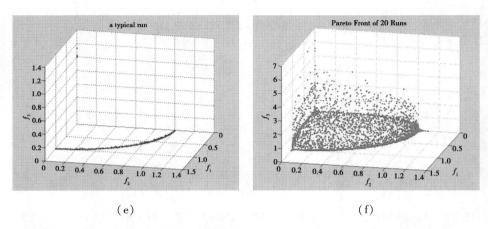

（e）   （f）

图 3.22　F8 测试函数上算法 FRM-MEDA，RM-MEDA（$K=1$）和 RM-MEDA（$K=AVE_K$）

分别获得的最终 PS 所对应的 PF 和 20 轮获得的 PS 所对应的 PF 的叠加结果

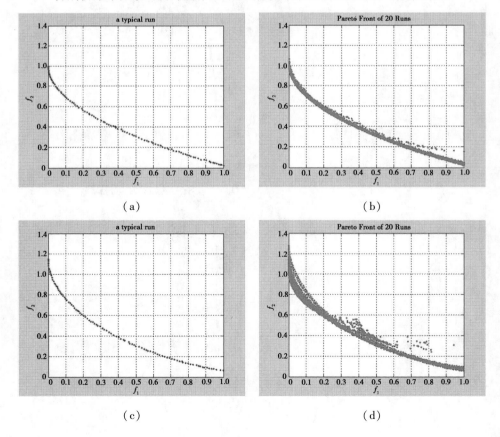

（a）   （b）

（c）   （d）

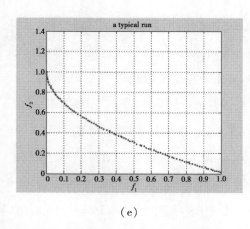

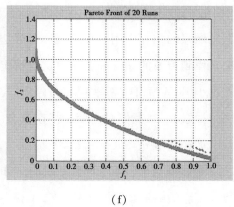

（e）　　　　　　　　　　　　　（f）

图 3.23　F9 测试函数上算法 FRM-MEDA，RM-MEDA（$K=1$）和 RM-MEDA（$K=AVE_K$）

分别获得的最终 PS 所对应的 PF 和 20 轮获得的 PS 所对应的 PF 的叠加结果

图 3.14、图 3.15 表明算法 FRM-MEDA 和 RM-MEDA（$K=AVE_K$）无论是在最终代还是 20 轮中均可以获得良好的 PF，且获得的 PS 具有很好的多样性分布。而 RM-MEDA（$K=1$）由于 K 小于实际情况，导致算法的收敛速度、收敛质量以及种群多样性分布都不太好，从而不适用于求解 F1 和 F2。

图 3.16～图 3.19 则表明算法 FRM-MEDA 在测试函数 F3～F6 上无论是在最终代还是 20 轮中均可以获得良好的 PF，且获得的 PS 具有很好的多样性分布。RM-MEDA（$K=AVE_K$）在除了收敛速度稍逊之外，在收敛质量和种群多样性分布上都能赶上 FRM-MEDA。而对于 RM-MEDA（$K=1$），由于 K 小于实际情况，这直接降低了算法的收敛速度。在严重情况下，极大地影响算法的收敛质量和种群多样性分布，如图 3.16～图 3.19 中的（c）和（d）子图所示。

对于测试函数 F7，图 3.20 显示算法 FRM-MEDA 与 RM-MEDA（$K=AVE_K$）均能获得收敛质量可接受、多样性保持良好的 PS，但是两个算法的收敛速度均太慢。而算法 RM-MEDA（$K=1$）的收敛速度、收敛质量和种群多样性分布均不理想。这三个算法在测试函数上的性能总体来说都劣于其他测试函数。究其原因可能有以下两点：（1）本书中决策变量的维数为 50 远远大于原 RM-MEDA 算法一文中的 30，从而增加了算法的计算复杂性；（2）算法 FRM-MEDA 和 RM-

MEDA 的搜索能力都不够强大。因此,当决策变量的维数急剧增加时,每一维之间增强的相互作用也相应限制了算法的搜索能力,从而使得这两个算法都无法采样到有效的非支配新解。这种情况下,在采样全变量高斯模型 FGM 时,方差越小 FRM-MEDA 算法越容易停滞。为了解决这个问题,提高 FRM-MEDA 算法的搜索能力,我们对全变量高斯模型的方差进行放大。同时在算法中引入了一个加速系数 $a = [1/MI, 2/MI, \cdots, 1]^\mathrm{T}$,$MI$ 是最大迭代次数。对算法改进后再求解测试函数 F7 得到的非支配前沿如图 3.21 所示。从图 3.21 中可以看出,加入了新策略后,算法 FRM-MEDA 获得的最终 PS 对应的 PF 和 20 轮获得的 PS 对应的 PF 都体现了算法具有很好的收敛质量,且保证了种群的多样性。另外,算法的收敛速度也很快。

图 3.22 表明在测试函数 F8 上,算法 RM-MEDA ($K=1$)并不能收敛到 PF,而 RM-MEDA ($K=AVE_K$)则很容易造成种群多样性缺失。这是由于在 K 小于实际情况时,所建立的概率模型是错误的。与此相反,算法 FRM-MEDA 展现出良好的收敛速度、收敛质量和种群多样性分布。

图 3.23 表明算法 FRM-MEDA、RM-MEDA ($K=1$) 和 RM-MEDA ($K = AVE_K$)在测试函数 F9 上性能相当。从 20 轮获得的 PS 对应的 PF 的叠加情况来说,RM-MEDA ($K=1$)相对另两个算法来说收敛速度、收敛质量和种群多样性保持有一定随机性,如图 3.23(d)所示。这是由于在 K 小于实际情况时,不能保证每一次建立的模型都很准确。

综上所述,可以得出以下结论:

①算法 RM-MEDA 在 K 小于实际情况时,不能建立准确的或者正确的概率模型,从而导致算法收敛速度降低、收敛质量下降和造成种群多样性缺失;

②算法 FRM-MEDA 无论在收敛速度、收敛质量还是种群多样性保持上都明显优于算法 RM-MEDA ($K=1$),说明利用简单模型的某些特性可以在提高算法性能的同时极大地降低算法计算复杂度;

③方差放大法引入可以提高算法 FRM-MEDA 在某些困难测试函数上的性

能,说明放大 FGM 模型方差可以采样得到某些易丢失的优秀解;

④建立混合模型 EDA 可以利用不同模型的不同特性来极大化算法性能。

因此,FRM-MEDA 算法是一个性能稳定,不受聚类过程影响的具有很强竞争力,基于规则模型的多目标分布估计算法。FRM-MEDA 的成功也为第 4 章社会变革模型的提出提供了良好的理论依据和模型指导。

3.5　本章小结

本章分析了一个非常优秀的基于规则模型的多目标分布估计算法 RM-MEDA,并结合他人研究,发现了 RM-MEDA 的聚类类别数 K 的设置对算法整体性能具有至关重要的影响。当类别数 K 与实际情况符合时,算法可以取得很好性能;当类别数 K 大于实际情况时,建立的模型会出现冗余,从而影响算法收敛速度;当类别数 K 小于实际情况时,会建立不准确的或者完全错误的模型,从而极大地影响算法的性能,或者直接使算法失去意义。类别数 K 大于实际情况出现的问题已有研究者解决。基于此,本章在去聚类操作的基础上,引入全变量高斯模型 FGM 作为分布估计算法的辅助概率模型,从而提出算法 FRM-MEDA 来处理 K 小于实际情况所出现的问题。在求解原 RM-MEDA 文章中的具有变量连接的测试函数 F1 ~ F9 时,FRM-MEDA 明显优于 RM-MEDA。实验结果表明 FRM-MEDA 可以很好地处理 K 小于实际情况 RM-MEDA 所出现的问题,是一个成功的具有竞争力的多目标分布估计算法。

4 基于社会变革模型的多目标分布估计算法

4.1 引　言

几千年来,人类社会已经历了原始社会、奴隶社会、封建社会、资本主义社会和社会主义社会 5 种发展模式,每一次社会模式的变化都离不开社会变革,社会变革的目的是促使社会模式发展成为一个更加符合当前历史时期国家基本国情的式样。社会模式指的是一个民族、国家或者国家群体根据当前基本国情,结合民族文化价值标准,形成的一定历史时期的发展道路和调节运行机制的一定式样。社会模式的发展是指人类社会由低到高、由简单到复杂的发展过程中所遵循的方式,也是人类积极干预和主动创造历史的过程,是人类对社会发展的一种筹划。在人类社会的发展初期,社会发展很大程度上带有"盲目"的色彩,随着发展的进行,人的主体性也慢慢增强,个体层面、团队层面以及社群层面的思想意识不断觉醒,这使得社会发展由"盲目"转向"自觉"。个体层面主要为自我意识,团队层面为协同合作、以理相争,而社群层面则主要体现在公民责任上。这几种层面的思想意识在社会模式发展过程中不断交互、相互碰撞,最终引发社会变革。变革本身并无好坏之分,但带来的结果有好有坏。而积极的社会变革是终极目标,它可以使社会模式与当前国情相适应,更符合当前历史时期人类的利益。要想实现积极的社会变革,人类在个体层面、团队层面和社群层面上的思想意识必须有所进步,这样才能通过人类自己的努力在纷繁复杂的社会发展进程中构建一个相对理想的社会模式,并促进社会的可持续发展。

综上所述可以发现,社会变革过程与进化算法有共通之处。受社会变革过程的启发,我们提出了社会变革模型 SR（Social Reform model）,这是与 Darwinian 的生物进化论不同的另一套进化体系。社会变革模型 SR 更侧重于考虑一个群体的整体进化,关注的是群体特性。SR 的概念有些类似于 Reynolds 于 1994 年提出的文化算法 CA（Cultural Algorithms）。

文化算法基于双层进化机制,由种群空间和信念空间构成。种群空间从微观的角度来模拟生物个体根据一定的行为准则进化的过程,具体通过交叉、变异等方式来实现种群个体进化;而信念空间则从宏观的角度来模拟文化的形成、传递和比较等进化过程,对个体的进化信息进行有效地提取和管理以实现知识的更新。遗传算法最早被引入种群空间,之后 Reynolds 与他的学生一起又在 CA 中引入了知识学习、社会群体性质和社会组织结构等内容并提出一系列算法。而 Sverdlik 也早在 1992 年针对概念学习问题,采用基于遗传算法的种群空间,讨论了信度空间的知识构成。之后 Ray 等也通过观察社会与文明的关系提出了基于社会行为模拟优化算法。Jin 等在信念空间中引入了信念元的概念,提出了基于进化规划的文化算法。而 Reynolds 等则在采用进化规划的基础上讨论包含五类知识的信念空间构成型。Iacoban 等选用粒子群优化算法来优化种群空间,以实现群智能算法对社会行为的模拟,他们分析了在信念空间中各类知识交流的情况下个体间信息的传播。Becerra 等将微分进化引入了文化算法的种群空间,用于求解非约束优化问题,之后又提出了与 ε-约束相结合的基于微分进化的文化算法用于求解多目标优化问题。Hochreiter 等在文化算法中引入了政治性,提出了革命算法 RA（Revolutionary Algorithm）。

不同于传统进化模式,SR 和文化算法考虑的是种群的交互性、社会性和继承性,而非单单考虑个体。但两者又有区别。文化算法需要建立一个独立于种群空间的信仰空间来获取、保存和整合解决问题的知识,使种群的进化速度超越单纯依靠生物基因遗传的进化速度。文化算法归根结底是基于传统交叉变异的遗传算法与信念空间的结合。而在 SR 中，并没有交叉变异操作，也不需要建立信念空间。SR 直接将种群看成是一个不可分割的整体，使用数学模型来对种群进行刻画，因此，随着每一次迭代的进行，种群进化过程中的所有信息都直接通过模型传承下来。从前面对 SR 的介绍可以看出，SR 与 EDA 具有相同的特性，即将种群看成一个不可分的整体，并用数学模型来刻画种群的分布。因此，本章提出的社会变革模型 SR 是基于分布估计算法框架的。并且，基于社会变革模型 SR，我们提出了一个新的多目标优化框架，该框架致力于打破传统分布估计算法的固定模式，以提高 EDA 算法在求解 MOPs 时的性能。并在基于 SR 的多目标优化框架下，实例化了两个不同的具体算法来测试框架的有效性和适应性。

4.2 社会变革模型

4.2.1 社会变革模型的构建

社会变革模型 SR 是受人类社会发展的过程启发而构造的。在 SR 中，一个种群的状态被认为是一种社会模式，种群中每一个个体都代表在当前社会模式下各种思想意识的一种分布。当前社会模式的思想数量与决策变量的维数保持一致。种群中每个个体的每一维和每一维上的取值分别代表了一种思想意识和该思想意识的影响力。种群中所有个体的同一维上的取值组成的一维向量代表了该维对应的思想意识在当前社会模式下的分布情况。图 4.1 给出了社会变革模型 SR 的基本框架。

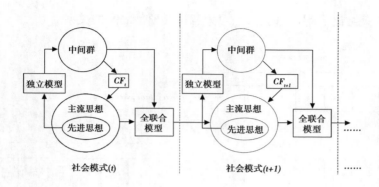

图 4.1　SR 的基本框架

在这个框架下,潜在个体在 SR 的第一阶段被选择来作为先进种群,然后建立多个独立模型以刻画不同思想意识的分布。通过这个过程可以突出几种思想,这几种被突出的思想称为主流思想,它们代表了当前社会模式下的主流思想意识构成。SR 的第一级阶段的主要目的是去发现先进种群中的主流思想意识。随着迭代次数的增加,主流思想的数量会逐渐减少。将在 SR 第一阶段建立的所有独立模型合称为独立模型 IM（Independent Model）。由独立模型 IM 采样可得到一个关于当前主流思想意识的新种群,称为中间群。在 SR 中,由 IM 采样得到的新个体具有很强的引导能力。当这些新个体被用来建立模型时,可以引导算法更快地逼近真实前沿 PF。换句话说,这相当于一个具有先进思想的个人、团体和社群可以引导公众去创造一个更符合当前基本国情的社会模式,从而加速社会变革的发生。当然不可避免的是,当某种或者某些思想意识的影响力太强大,以至于其他思想意识无法对其约束时,因此会出现某些思想的极端发展现象,即某些思想意识发展太快以至于公众跟不上。

为了避免在当前模式下出现极端发展现象,一个全联合模型 FCM（Full Correlation Model）被用来刻画中间种群中不同思想意识之间的相互作用。多种思想意识在全联合模型中的相互制约使得种群在朝着主流思想方向稳步前进的前提下,发展出更多可行的进化方向。因此采样全联合模型 FCM 得到的新个体一方面不太可能出现极端发展的情况,另一方面又具有良好的多样性分布。图 4.2 给出了 SR 中的变量、思想意识和模型之间的关系。

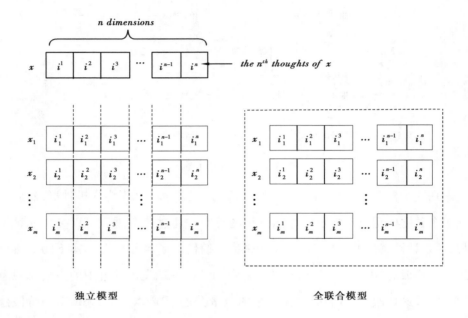

图 4.2   变量、思想意识和模型之间的关系

不过,在这种机制下,社会模式的发展进程有时候也会因为当前模式包含的思想意识太多元化而被拖慢。显然,社会变革的进程是与当前社会模式中的思想意识的数量密切相关的。例如在中国先秦的春秋战国时期,诸子百家各有其主张的社会模式。虽然这些多元化的社会模式论对秦汉社会政治模式的选择与确定和对后来中国社会的发展和传承有重要意义,但是也不可避免地延长了社会变革进程。正如在进化算法中,算法的收敛速度受到决策变量维数的影响。为了解决这个问题,催化因子 CF(Catalytic Factor)被引入 SR 模型,以加速进化算法的收敛速度。关于 CF 具体内容在 4.2.2 节给出。

综上所述,我们将社会变革模型 SR 表示为三元组:{(IM,FCM),CF}。根据要求解的多目标优化问题 MOPs 的不同,IM,FCM 和 CF 都可以被实例化为不同形式以适应具体的多目标优化问题。简单来说,社会变革模型 SR 可以理解为混合模型。在这个混合模型下,独立模型 IM 负责算法的收敛质量,全联合模型 FCM 负责算法的多样性保持,而催化因子 CF 负责算法的收敛速度。这样一分解可以发现,社会变革模型与第 3 章提出的 FRM-MEDA 算法的构成具有异曲同工之处。

4.2.2　社会变革模型中的催化因子

可以从图 4.2 看出催化因子 CF 在 SR 模型中的位置,它只在 SR 模型的探索阶段起作用,主要用来推动中间种群的发展。在社会模式发展进程中,有时候很多因素会对社会变革进程产生影响,从而使得变革的发生需要更长的时间。当前模式下思想意识的数量及分布和具有不同思想意识分布的个人、团体及社群之间的相互制约关系被认为是限制社会模式发展的主要因素。同理,在社会变革模型 SR 中,决策变量的维数和种群中所有个体在每一维上的取值的分布及它们之间的关联性也是限制和降低算法收敛速度的主要因素。因此,催化因子 CF 作为一个催化剂可以在 SR 模型出现停滞时,对中间种群中的个体进行催化以推动算法的进化进程。

催化因子 CF 的构成因素可以分为内部因素与外部因素。为了更形象地说明 CF 的作用,我们拿俄国十月革命对中国的影响来举例说明。在俄国十月革命爆发之前,中国社会模式与人类社会模式的发展一样,都是以一种剥削制度代替另一种剥削制度来推进的。以西方文明和资本主义制度为核心的帝国主义对于中国的剥削和压迫,使得那个时期的中国社会处于深重的民族灾难之中,对于未来社会模式的选择与筹划处于一个迷茫的时期。而俄国十月革命的胜利给中国社会模式的发展指出了一条光明的道路。它指导着中国广大民众以工人、农民阶级为核心,以马克思主义为理论基础,通过革命取得政权,从而在统一的资本主义世界体系中打开了一个缺口,建立一个没有经济剥削和政治压迫的社会主义国家。从这个例子可以看出,俄国的十月革命,作为中国社会模式发展的一个外部因素,它唤醒了中国的有识之士,增强了他们认识马克思主义和坚持探索社会主义的志向。基于此,当时社会模式下的大部分中国民众以各种形式形成了探索社会主义模式的个人、团体和社群。然后在这些个人、团体及社群的交流、碰撞与努力下取得了将社会模式转换为社会主义的胜利。一般来说，一个合格的外部催化剂往往代表着一种更先进的、符合人类发展总体利益的思想意识。一个外部催化因子要起作用需要被以某种方式引入当前社会模式。

由此可见，将催化因子 CF 引入社会变革模型 SR 是合理的，且可以加速进化算法的优化速度。当然，内部因素也可以构成催化因子 CF。内部催化即通过某种制度，将主流思想意识在广大个体、团体及社群中传播和加强，以提升其在当前社会模式下的影响力，从而加速社会变革。催化因子本身并没有固定的形式，在社会变革模型 SR 下，催化因子 CF 可以被设计成任意形式，只要不让其失去作为催化因子本身的意义。但是，催化因子 CF 的设计至少要满足一个条件，即随着进化过程的推进，催化因子 CF 对于种群中个体的影响应该越来越小，最终随着优化的结束而消失。另外，当 SR 模型不需要被催化时，催化因子 CF 可以退化为 1。

4.3　基于社会变革模型的多目标优化框架

正如前文所述，对于求解多目标优化问题，EDAs 算法一般存在以下几个缺陷：

①相比于传统的采用简单搜索算子建立隐式模型来说，建立一个复杂的概率模型更耗时；

②很难学习一个适当的模型，有时候建立的模型是不准确的或者完全无效的；

③在建立某些复杂的模型时，编码实现 EDA 算法并不简单；

④由于 EDA 框架的封闭结构，算法很容易过拟合，从而出现早熟收敛的情况。

　　近些年来,很多学者也针对 EDA 算法的缺陷提出了很多解决各种问题的多目标 EDA 算法。这些算法的主要特点是引入一个具有某种特色的新模型或者适当的辅助策略使得 EDA 算法在求解某种多目标问题时性能有所提升。但是由于这些算法的模型和策略都比较个性化,因此很难编码实现。同时这些算法的模型都比较复杂,计算复杂性相对较高。并且,在求解某些多目标问题时,毫无疑问,这些算法的性能是很好的。但当需要求解的问题发生变化时,算法的性能会变差,同时算法又不容易变换以适应新问题的求解。

　　而对于社会变革模型 $\mathrm{SR} = \{(\mathrm{IM}, \mathrm{FCM}), CF\}$ 来说,元组中的每一个元素在不失去其本身意义的前提下,都可以根据具体问题进行不同的实例化操作。我们利用社会变革模型 SR 的不确定性,构造了一个具有"通用目的"的多目标优化框架。在基于 SR 的多目标优化框架下,可以实例化多个进化算法以解决不同的多目标优化问题。由于实例化 SR 本身是通过各种各样的概率模型或者其他模型来实现的,因此,基于 SR 模型的多目标优化框架实例化得到的进化算法本质也是多目标分布估计算法。基于 SR 的多目标优化框架如图 4.3 所示。

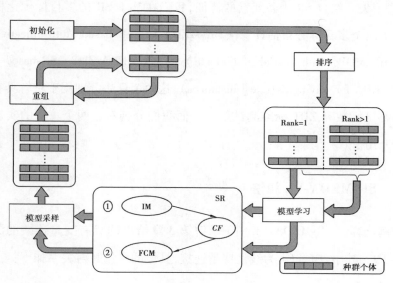

图 4.3　基于 SR 的多目标优化框架

从图 4.3 可以看出,在这个框架下,除了社会变革模型 SR 本身,其他的步骤都与分布估计算法保持一致。因此,很容易结合 EDA 工具箱 MatEDA 将基于 SR 的多目标优化框架下实例化得到的多目标分布估计算法进行编码实现。相关模型可以直接采用 MatEDA 工具箱上提供的模型,如有具体需求,也可对模型进行独立编码。

4.4　基于社会变革模型的多目标分布估计算法

为了验证基于 SR 的多目标优化框架的可行性和适应性,在实例化过程中,主要是对独立模型 IM、全联合模型 FCM 以及催化因子 CF 进行确定。根据之前对 SR 的描述,IM 实例化时需要满足的特性是能使算法快速逼近非支配前沿 PF。FCM 实例化需要满足的特性是能保证非支配解集具有良好的多样性分布,而 CF 需要满足的特性是随着优化的进行,CF 对于种群中个体的影响越来越小,最终消失。结合 SR 中各元素的特征,我们在基于 SR 的多目标优化框架下实例化了两个多目标分布估计算法 SR-MEDA-VL(SR-based Multi-objective EDA for solving MOPs with Variable Linkage)和 SR-MEDA-ZDT(SR-based Multi-objective EDA for solving ZDT test instances),这两个算法分别用于求解具有变量连接的测试函数和 ZDT 标准测试集。下面我们分别对这两个算法的实例化过程进行介绍。

4.4.1　SR-MEDA-VL 算法

实例化算法 SR-MEDA-VL 用于求解第 3 章给出的具有变量连接的测试函数 F1 ~ F9。其中,F1 ~ F4 为线性变量连接,具体的变量映射关系如下:

变量关系:$x_1 \rightarrow x_1, x_i \rightarrow x_i - x_1, i = 2, \cdots, n$ 。

F5 ~ F9 为非线性变量连接,具体的变量映射关系如下:

变量关系：$x_1 \to x_1, x_i \to x_i{}^2 - x_1, i = 2, \cdots, n$。

测试函数的具体形式见表 3.1。

在 SR-MEDA-VL 中，主要是对 SR 三元组 $\{(IM, FCM), CF\}$ 中的独立模型 IM、全联合模型 FCM 和催化因子 CF 进行确定。

对于独立模型 IM，采用无聚类 $(m-1)-D$ 局部 PCA 模型，该模型可以引导种群快速逼近最优解集，满足作为独立模型的条件，模型性能可见第 3 章 3.3.2 节，因此，直接将无聚类 $(m-1)-D$ 局部 PCA 模型作为独立模型 IM。

对于全联合模型 FCM，我们采用混合高斯模型 GMM（Gaussian Mixture Model）。根据中心极限定理可知，用高斯模型作为混合模型来刻画群体分布是比较合理的假设。当然，也可以根据实际需求定义成任何分布的混合模型。不过为了模型的简洁性、计算方便性与代码实现的易操作性，我们采用高斯模型作为混合模型。另外，理论上可以通过增加模型的个数，用 GMM 近似任何概率分布。GMM 的概率密度函数的具体形式为：

$$p(I_x) = \sum_{k=1}^{K} \pi_k p_k(I_x) \tag{4.1}$$

其中，I_k 为观测变量，π_k 为第 k 个模型的权重，$p_k(I_x)$ 表示第 k 个模型。

在 SR-MEDA-VL 中，每一代种群都随机生成一个模型数 $k(3\sim5)$，所有模型的权重都一样，且 $\sum_{k=1}^{K}\pi_k = 1$。为了成为一个合格的全联合模型 FCM，GMM 模型需要具有保持种群多样性的能力。为了验证 GMM 是否可以使算法保持良好的多样性，我们将 GMM 作为概率模型，设计了一个简单的多目标分布估计算法，该算法用来求解具有非线性变量连接的测试函数 F9。算法编码采用分布估计算法工具箱 MatEDA 来实现。种群大小、变量维数和最大迭代次数分别设置为 100、50 和 100。在每一代，种群中 10% 的非支配解被用来建模，即 $\tau = 0.1$。图 4.4 给出算法测试结果。

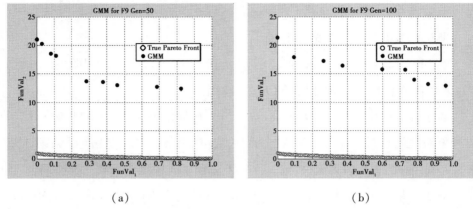

（a）   （b）

图 4.4　F9 测试函数上分别在第 50（a）和 100（b）代所获得的 PF

从图 4.4 可以看出，GMM 可以使算法保持良好的多样性，虽然它不能引导种群逼近最优 Pareto 解集，但这不在 FCM 的考虑范围内。

而对于催化因子 *CF*，我们将其设计为一个以 e 为底、与迭代次数比值相关的指数函数。e 是一个欧拉常数，是自然对数的底数，取值约为 2.718 3。正如数字 1 是所有数字的基本单位、单位圆是圆的基本单位一样，e 可以看成所有连续增长过程共有的增长率，e 可以近似种群密度、放射性增长、利息计算甚至呈不平稳增长的锯齿状系统等的增长率，因此，我们用 e 来近似 SR 的催化过程。*CF* 的具体形式为：

$$CF = \mathrm{e}^{iter/MaxI}/\mathrm{e} \tag{4.2}$$

其中，*iter/MaxI* 代表当前迭代次数与最大迭代次数的比值。从公式（4.2）可以看出，随着迭代次数 *iter* 的增加，*iter/MaxI* 越接近于 1，催化因子 *CF* 也越来越趋近于 1，当 *CF* =1 时，它就失去了催化作用。因此，所设计的 *CF* 是满足其作为一个合理的 *CF* 的要求的。

在给出具体的 {（IM，FCM），*CF*} 后，SR-MEDA-VL 算法的步骤可以描述如算法 4.1。

算法 4.1 **SR-MEDA-VL 算法步骤**

算法名称：SR-MEDA-VL

算法输入：种群大小 N

算法输出：非支配解集 $Pop(t)$、评价函数值 $\vec{F}$

0. 初始化：设置代数 $t=0$。生成具有 N 个个体的初始种群 $Pop(0)$ 并计算种群中各个个体对应的评价函数值；

1. 止条件检测：如果满足终止条件（达到最大迭代次数或设定的条件），则输出非支配解集 $Pop(t)$ 和相应的评价函数值 $\vec{F}$，否则转下一步；

2. 排序：对种群 $Pop(t)$ 的个体进行排序，并选择部分精英解以便建立独立模型；

3. 建模：

a）独立模型：建立 $(m-1)-D$ 局部 PCA 模型作为 SR 的独立模型 IM 以刻画保留的精英解的分布；

b）催化：采样模型 IM，得到中间种群 $PopI(t)$；根据当前迭代次数比值计算催化因子 CF；用 CF 改造中间种群 $PopI(t)$ 的个体，并将各个个体的取值调整到相应的取值范围；

c）全联合模型：建立 GMM 模型作为 SR 的全联合模型 FCM 以刻画改造后的中间种群 $PopI(t)$ 和当前种群 $Pop(t)$ 的总体分布；

4. 采样：采样全联合模型 GMM 以生成新种群 Q_t，并计算解集 Q_t 中各个个体对应的评价函数值；

5. 选择：从种群 Q_t、$PopI(t)$ 和 $Pop(t)$ 中选择 N 个个体来创建下一代种群 $Pop(t+1)$，设置代数 $t=t+1$ 并转向步骤 1。

在 SR-MEDA-VL 中，用到的排序算法为非支配排序算法。首先采用非支配排序算法对当前种群进行排序，然后采用截断选取法选择比例为 $\tau=10\%$ 的精英解来作为独立模型 IM 的输入。

4.4.2 SR-MEDA-ZDT 算法

实例化算法 SR-MEDA-ZDT 用于求解 Zitzler 等提出的 ZDT 标准测试集。

ZDT 具有一些使得算法在收敛性和多样性这两方面有所困难的特征。参考 Zitzler 等的文章可以知道,ZDT 包含的这些测试问题不仅具有多模性、欺骗性和孤立的 Pareto 最优前沿,而且具有凸状、非凸状、离散型和非一致性的 Pareto 最优解集。并且 Zitzler 等表示,具有双目标的测试函数已经能够充分地反映出 MOPs 的本质特性。因此,我们只采用双目标测试问题来探索 SR-MEDA-ZDT 的可行性与有效性。ZDT 测试函数见表 4.1,其中 $f_i(\vec{x})$ 是目标函数, $g(\vec{x})$ 为约束函数。

表 4.1　ZDT 测试函数

Instance	Variables	Objectives	Characteristics
F1(ZDT1)	$[0,1]^n$	$f_1(\vec{x}) = x_1$ $f_2(\vec{x}) = g(\vec{x})\left[1 - \sqrt{f_1(\vec{x})/g(\vec{x})}\,\right]$ $g(\vec{x}) = 1 + 9\sum_{i=2}^{n} x/(n-1)$	convex PF $n = 50$
F2(ZDT2)	$[0,1]^n$	$f_1(\vec{x}) = x_1$ $f_2(\vec{x}) = g(\vec{x})\left[1 - (f_1(\vec{x})/g(\vec{x}))^2\right]$ $g(\vec{x}) = 1 + 9\sum_{i=2}^{n} x/(n-1)$	concave PF $n = 50$
F3(ZDT3)	$[0,1]^n$	$f_1(\vec{x}) = x_1$ $f_2(\vec{x}) = g(\vec{x})\left[1 - \sqrt{f_1(\vec{x})/g(\vec{x})} - (f_1(\vec{x})/g(\vec{x}))\sin(10\pi f_1(\vec{x}))\right]$ $g(\vec{x}) = 1 + 9\sum_{i=2}^{n} x^2/(n-1)$	convex PF non-uniformly distributed discreteness $n = 50$

续表

Instance	Variables	Objectives	Characteristics
F4(ZDT4)	$[-5,5]^n$ except $x_1 \in [0,1]$	$f_1(\vec{x}) = x_1$ $f_2(\vec{x}) = g(\vec{x})[1 - \sqrt{f_1(\vec{x})/g(\vec{x})}]$ $g(\vec{x}) = 1 + 10n + \sum_{i=1}^{n}(x^2 - 10\cos(4\pi x_1))$	convex PF multimodality $n = 50$
F5(ZDT6)	$[0,1]^n$	$f_1(\vec{x}) = 1 - \exp(-4x_1)\sin^6(6\pi x_1)$ $f_2(\vec{x}) = g(\vec{x})[1 - (f_1(\vec{x})/g(\vec{x}))^2]$ $g(\vec{x}) = 1 + 9\left[\sum_{i=2}^{n} x_i^2/(n-1)\right]^{0.25}$	concave PF non-uniformly distributed $n = 50$

在表 4.1 中,测试函数 F1 ~ F5 分别为 ZDT 测试集的 ZDT1、ZDT2、ZDT3、ZDT4 和 ZDT6,其中,ZDT5 由于是布尔函数所以不考虑。与 SR-MEDA-VL 一样,在 SR-MEDA-ZDT 的实例化过程中,主要是对 SR 三元组 $\{(IM, FCM), CF\}$ 中的独立模型 IM、全联合模型 FCM 和催化因子 CF 进行确定。

对于独立模型 IM,选择最简单的单变量高斯模型 UGM(Univariate Guassian Model) 来实现。假设随机变量 X 服从一个数学期望为 μ、方差为 σ^2 的概率分布,且其概率密度函数为:

$$f(x) = \frac{1}{\sqrt{2\pi}\sigma}\exp\left(-\frac{(x-\mu)^2}{2\sigma^2}\right) \tag{4.3}$$

则此随机变量被称为正态随机变量,正态随机变量服从的分布就称为正态分布,记为 $X \sim N(\mu, \sigma^2)$。此分布即为一维正态分布,用此分布量化事物得到的模型称为一维高斯模型。当随机变量都是相互独立的时候,我们将该模型称为单变量高斯模型 UGM。那么 UGM 是否具有独立模型 IM 要求的特性呢?

为了验证 UGM 是否可以使算法快速逼近真实前沿,我们将单变量高斯模型 UGM 作为概率模型,设计了一个简单的多目标分布估计算法,该算法用来求解双目标标准测试函数 ZDT1。算法编码采用分布估计算法工具箱 MatEDA 来实现。种群大小、变量维数和最大迭代次数分别设置为 100、30 和 200。在每一代,种群中 50% 的非支配解被用来建模,即 $\tau = 0.5$。图 4.5 给出算法测试结果。

从图 4.5 可以看出,在第 100 代的时候,基于 UGM 的算法获得的非支配解集对应的 PF 已经快要逼近真实前沿,并且在迭代次数达到最大时,已经基本上逼近了真实前沿。这说明单变量高斯模型 UGM 的引入是可以使 EDA 算法快速逼近真实前沿的,这使得 UGM 可以成为社会变革模型 SR 中的一个合格独立模型 IM。虽然 UGM 的引入并不能使算法保证获得的非支配解集具有良好的多样性分布,但是这并不在 IM 的考虑范围内。

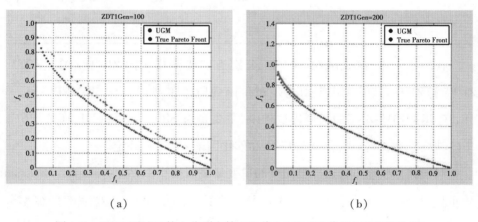

（a） （b）

图 4.5 ZDT1 测试函数上分别在第 100 代（a）和 200 代（b）所获得的 PF

对于全联合模型 FCM,结合第 3 章的内容,可以知道全变量高斯模型 FGM 正是一个使种群保持良好多样性的模型,并且简单、容易实现。因此,直接将全变量高斯模型作为全联合模型 FCM,在此不再对其赘述。

而对于催化因子 CF,我们将其设计为一个独立模型 IM 相关的指数函数,具体形式为:

$$CF = \mathrm{e}^{\max M(p,t)/\mathrm{sum}M(p,t)}/\mathrm{e} \qquad (4.4)$$

其中,$M(p,t)$ 代表 SR 的独立模型在第 t 代的参数值。$M(p,t)$ 值越大表示当前模式下,相关思想意识对种群中所有个体的影响力越大。从公式(4.4)可以看出,催化因子 CF 随着迭代次数的增加越来越趋近于1,当 $CF=1$ 时,它就失去了催化作用。也就是说,催化因子 CF 的影响会随着社会模式的发展进程越来越弱,即算法越趋近于收敛,CF 的作用越小,最终消失。本书设计的催化因子 CF 是满足其作为一个合理 CF 的要求。

在给出具体的 $\{(\mathrm{IM},\mathrm{FCM}),CF\}$ 后,SR-MEDA-ZDT 算法的步骤可以描述见算法4.2。

算法4.2　　**SR-MEDA-ZDT 算法步骤**

算法名称:SR-MEDA-ZDT

算法输入:种群大小 N

算法输出:非支配解集 $Pop(t)$、评价函数值 $\vec{F}$

0.　初始化:设置代数 $t=0$。生成具有 N 个个体的初始种群 $Pop(0)$ 并计算种群中各个个体对应的评价函数值;

1.　终止条件检测:如果满足终止条件(达到最大迭代次数或设定的条件),则输出非支配解集 $Pop(t)$ 和相应的评价函数值 $\vec{F}$,否则转下一步;

2.　排序:对种群 $Pop(t)$ 的个体进行排序,并选择部分精英解以便建立独立模型;

3.　建模:

a)独立模型:建立 UGM 模型作为 SR 的独立模型 IM 以刻画保留的精英解的分布;

b)催化:采样模型 IM,得到中间种群 $PopI(t)$;根据 IM 模型的参数计算催化因子 CF;用 CF 改造中间种群 $PopI(t)$ 的个体,并将各个体的取值调整到相应的取值范围;

c)全联合模型:建立 FGM 模型作为 SR 的全联合模型 FCM 以刻画改造后的中间种群 $PopI(t)$ 和当前种群 $Pop(t)$ 的总体分布;

4.　采样:采样全联合模型 FGM 以生成新种群 Q_t,并计算解集 Q_t 中各个个体对应的评价函数值;

5.　选择:从种群 Q_t、$PopI(t)$ 和 $Pop(t)$ 中选择 N 个个体来创建下一代种群 $Pop(t+1)$,设置代数 $t=t+1$ 并转向步骤1。

在 SR-MEDA-ZDT 中,用到的排序算法为非支配排序算法。首先采用非支配排序算法对当前种群进行排序,然后采用直接截取法选择比例为 $\tau = 10\%$ 的精英解来作为独立模型 IM 的输入。

4.5 实　验

为了验证基于 SR 的多目标框架的可行性与适应性,我们用 SR-MEDA-VL 算法求解具有变量连接的测试函数 F1 ~ F9;用 SR-MEDA-ZDT 算法求解具有多种前沿的 ZDT 标准测试集。算法 SR-MEDA-VL 和 SR-MEDA-ZDT 均通过 EDA 工具箱 MatEDA 编码实现。从算法 SR-MEDA-VL 和 SR-MEDA-ZDT 的实例化过程可以看出,算法 SR-MEDA-VL 和 SR-MEDA-ZDT 在结构上和实现上与第 3 章提出的 FRM-MEDA 算法本质上都是混合模型算法。而 FRM-MEDA 的提出是为了解决 RM-MEDA 算法在聚类数 K 小于实际情况时出现的问题的,而实验结果证明,FRM-MEDA 优于 RM-MEDA($K = 1$)和 RM-MEDA($K = AVE_K$)的。但当算法 RM-MEDA 的类别数 K 大于或者等于实际情况时,FRM-MEDA 的性能理论上无法赶上 RM-MEDA。因为 RM-MEDA 算法是近年来提出的最具有影响力和公认的优秀的多目标分布估计算法,本章提出的 SR-MEDA-VL 和 SR-MEDA-ZDT 算法很有必要与 RM-MEDA 算法进行对比,因此将 RM-MEDA 作为对比算法

4.5.1　实验设置

（1）SR-MEDA-VL

本实验中,在所有的测试函数上设置相同的种群大小和采样个体数,采样个体数与种群大小保持一致,具体的数值双目标测试函数为 100,三目标测试函

数为 200。各算法在所有测试函数上的决策变量维数均设置为 50，这相比原 RM-MEDA 的 30 来说相对复杂。在每一个测试函数上，各算法均独立运行 20 次以降低实验结果的随机性。由于直接将算法的最大迭代次数作为收敛条件，因此根据算法运行的不同情况设置不同的最大评价次数。针对各个测试函数，为 SR-MEDA-VL 设置的最大评价次数根据测试函数复杂程度的不同而不同。其中 F1、F2 和 F5 为 11 000，F3 为 110 000，F6 和 F7 为 33 000，F4、F8 和 F9 为 55 000。这是在实验测试过程中得出的比较合理的设置方案。而对于算法 RM-MEDA，我们直接采用原作者 Zhang 等的编码，聚类类别数设置为 $K = 5$。RM-MEDA 算法各测试函数的最大评价次数与 SR-MEDA-VL 一致，除了 F1 和 F2 为 22 000、F3 为 165 000、F5 为 33 000 和 F7 为 220 000。具体参数设置见表 4.2。

表 4.2　SR-MEDA-VL 参数设置

Instance	PopSize	Dimensions	FES（SR-MEDA-VL/RM-MEDA）	Runs
F1	100	50	11 000/22 000	20
F2	100	50	11 000/22 000	20
F3	100	50	110 000/165 000	20
F4	200	50	55 000/55 000	20
F5	100	50	11 000/33 000	20
F6	100	50	33 000/33 000	20
F7	100	50	33 000/220 000	20
F8	200	50	55 000/55 000	20
F9	100	50	55 000/55 000	20

另外，由于各测试函数的可行解空间为一个超矩形，因此对于每次采样得到一个超出边界的新解时，都需要将其变换为一个超矩形边界内的随机数，这个操作使用工具 MatEDA 中的修复函数来实现。

（2）SR-MEDA-ZDT

本实验中，在所有的 ZDT 测试函数上设置相同的种群大小和采样个体数，采样个体数与种群大小保持一致，具体的数值为双目标测试函数 100。各算法在所有测试函数上的决策变量维数均设置为 50，这相比原 RM-MEDA 的 30 来说相对复杂。在每一个测试函数上，各算法均独立运行 20 次以降低实验结果的随机性。由于直接将算法的最大迭代次数作为收敛条件，因此根据算法运行的不同情况设置不同的最大评价次数。针对各个测试函数，为 SR-MEDA-ZDT 设置的最大评价次数根据测试函数复杂程度的不同而不同。其中 F1 和 F2 为 11 000，剩下的测试函数为统一为 22 000。这是在实验测试过程中得出的比较合理的设置方案。而对于算法 RM-MEDA，我们直接采用原作者 Zhang 等的编码，聚类类别数设置为 $K = 5$。根据实验测试，我们为 RM-MEDA 算法在所有测试函数的最大迭代次数统一设置为 1 000，即将各测试函数的最大评价次数设置为 100 000。具体参数设置见表 4.3。

表 4.3 SR-MEDA-ZDT 参数设置

Instance	PopSize	Dimensions	FES（SR-MEDA-ZDT/RM-MEDA）	Runs
F1（ZDT1）	100	50	11 000/100 000	20
F2（ZDT2）	100	50	11 000/100 000	20
F3（ZDT3）	100	50	22 000/100 000	20
F4（ZDT4）	100	50	22 000/100 000	20
F5（ZDT6）	100	50	22 000/100 000	20

另外，由于各测试函数的可行解空间为一个超矩形，因此对于每次采样得到一个超出边界的新解时，都需要将其变换为一个超矩形边界内的随机数，这个操作使用工具 MatEDA 中的修复函数来实现。

4.5.2 实验结果及分析

（1）收敛性与多样性

①SR-MEDA-VL。

首先，验证算法 SR-MEDA-VL 和 RM-MEDA 在 F1 ~ F9 上的收敛质量和种群多样性保持情况。各算法在每一个测试函数上都独立运行 20 轮,得到的最终 PS 对应的 PF 和 20 轮得到的 PF 叠加情况如图 4.6 ~ 图 4.14 所示。其中,每一张图的子图(a)和(b)分别代表 SR-MEDA 和 RM-MEDA 得到的最终非支配前沿 PF,子图(c)和(d)分别代表 SR-MEDA 和 RM-MEDA 运行 20 轮得到的 PF 的叠加情况。

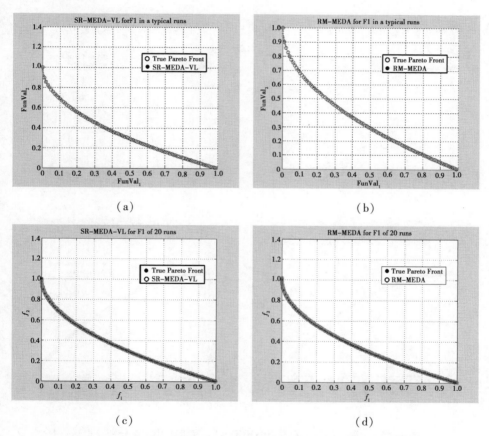

（a）　　　　　　　　　　　　（b）

（c）　　　　　　　　　　　　（d）

图 4.6　F1 测试函数上算法 SR-MEDA-VL 和 RM-MEDA 分别获得最
终 PS 所对应的 PF 和 20 轮获得 PS 所对应的 PF 的叠加结果

从图 4.6 ~ 图 4.8 可以看出,在求解具有线性变量连接的测试函数 F1、F2 和 F3 时,算法 SR-MEDA-VL 和 RM-MEDA 都能在收敛性和多样性上取得非常好的效果。而在收敛速度上,对于相对简单的 F1 和 F2 来说,SR-MEDA-VL 稍微优于 RM-MEDA;对于具有非均匀前沿的 F3 来说,SR-MEDA-VL 的收敛速度明显优于 RM-MEDA。

图 4.9 和图 4.13 则表明,在分别求解具有线性变量连接和非线性变量连接的三目标测试函数 F4 和 F8 时,算法 SR-MEDA-VL 和 RM-MEDA 都能在收敛速度、收敛性和多样性上取得非常好的效果。

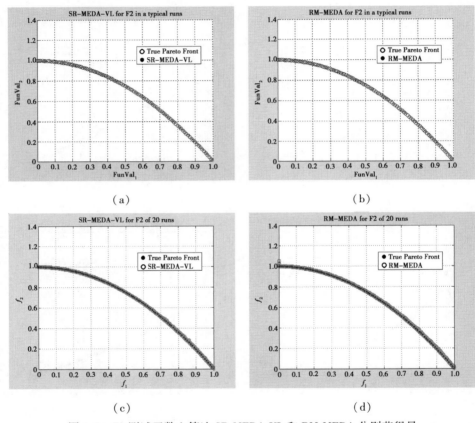

(a)　　　　　　　　　　　　(b)

(c)　　　　　　　　　　　　(d)

图 4.7　F2 测试函数上算法 SR-MEDA-VL 和 RM-MEDA 分别获得最
终 PS 所对应的 PF 和 20 轮获得 PS 所对应的 PF 的叠加结果

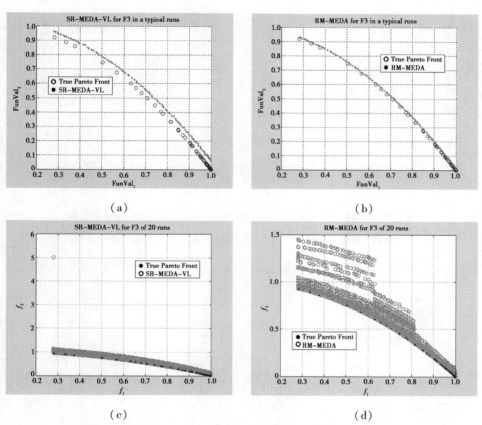

(a)　　　　　　　　　　　　　　　(b)

(c)　　　　　　　　　　　　　　　(d)

图 4.8　F3 测试函数上算法 SR-MEDA-VL 和 RM-MEDA 分别获得最

终 PS 所对应的 PF 和 20 轮获得 PS 所对应的 PF 的叠加结果

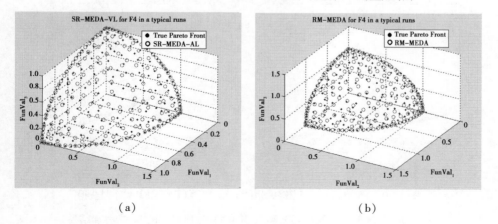

（a）　　　　　　　　　　　　　　　（b）

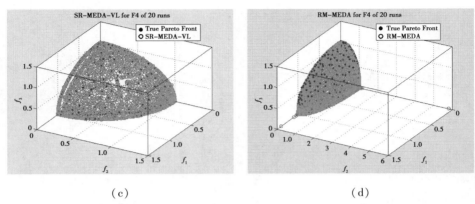

（c）　　　　　　　　　　　　　（d）

图 4.9　F4 测试函数上算法 SR-MEDA-VL 和 RM-MEDA 分别获得最

终 PS 所对应的 PF 和 20 轮获得 PS 所对应的 PF 的叠加结果

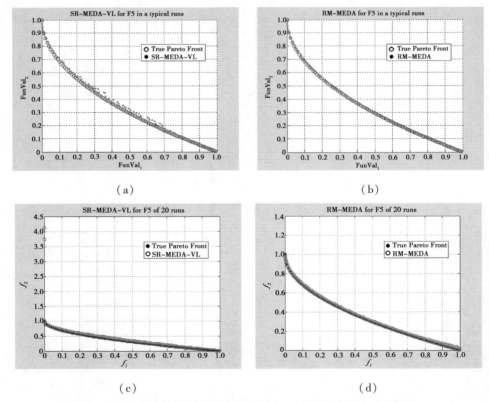

（a）　　　　　　　　　　　　　（b）

（c）　　　　　　　　　　　　　（d）

图 4.10　F5 测试函数上算法 SR-MEDA-VL 和 RM-MEDA 分别获得

最终 PS 所对应的 PF 和 20 轮获得 PS 所对应的 PF 的叠加结果

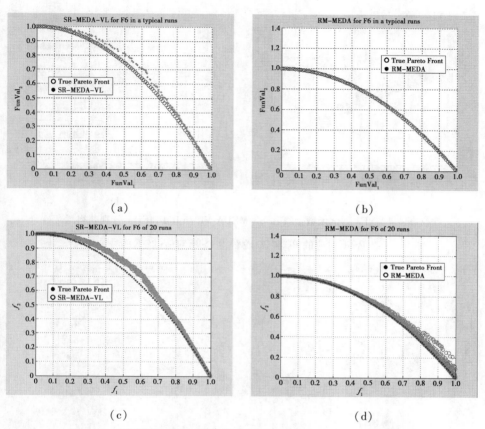

（a） （b）

（c） （d）

图 4.11 F6 测试函数上算法 SR-MEDA-VL 和 RM-MEDA 分别获得

最终 PS 所对应的 PF 和 20 轮获得 PS 所对应的 PF 的叠加结果

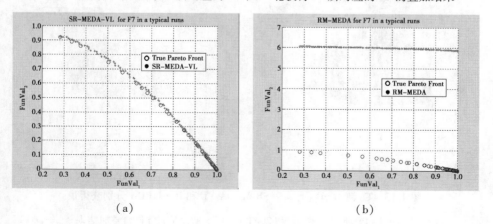

（a） （b）

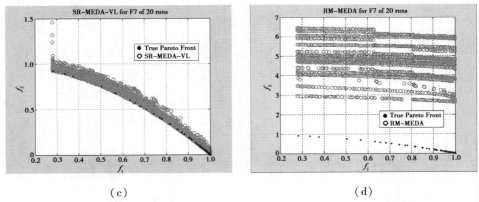

（c）　　　　　　　　　　　　（d）

图 4.12　F7 测试函数上算法 SR-MEDA-VL 和 RM-MEDA 分别获得最

终 PS 所对应的 PF 和 20 轮获得 PS 所对应的 PF 的叠加结果

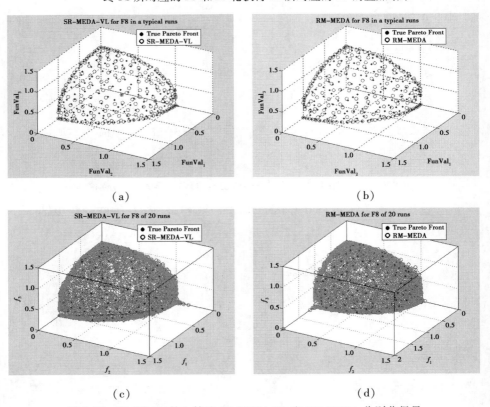

（a）　　　　　　　　　　　　（b）

（c）　　　　　　　　　　　　（d）

图 4.13　F8 测试函数上算法 SR-MEDA-VL 和 RM-MEDA 分别获得最

终 PS 所对应的 PF 和 20 轮获得 PS 所对应的 PF 的叠加结果

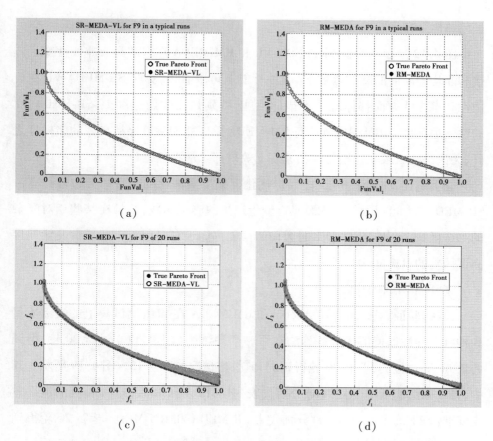

$$（a）\qquad\qquad（b）$$

$$（c）\qquad\qquad（d）$$

图 4.14　F9 测试函数上算法 SR-MEDA-VL 和 RM-MEDA 分别获得最

终 PS 所对应的 PF 和 20 轮获得 PS 所对应的 PF 的叠加结果

　　从图 4.10 和图 4.14 可以看出,在求解具有非线性变量连接和凸状前沿的
测试函数 F5 和 F9 时,算法 SR-MEDA-VL 和 RM-MEDA 都能在收敛性和多样性
上取得非常好的效果。而在收敛速度上,SR-MEDA-VL 在求解 F5 时优于 RM-
MEDA,求解 F9 时两者相差不大。

　　而图 4.11 则表明,在求解具有非线性变量连接和凹状前沿的测试函数 F6
时,算法 SR-MEDA-VL 虽然在收敛速度和多样性保持上的性能非常不错,但是
在收敛质量上,SR-MEDA-VL 可以引导边界解快速地逼近 Pareto 最优前沿而不
能引导中间解。这说明无聚类的 $(m-1)-D$ 局部 PCA 模型无法精准地刻画种

群的整体分布。

  图 4.12 展示了算法 SR-MEDA-VL 和 RM-MEDA 在求解具有非线性变量连接和非均匀前沿的测试函数 F7 时的性能。可以看出,算法 SR-MEDA-VL 在收敛性和多样性方面都体现了不错的性能,特别是在收敛速度上,SR-MEDA-VL 的性能远远优于 RM-MEDA。而 RM-MEDA 除了能使种群保持良好的多样性之外,无论是在收敛质量还是收敛速度上效果都非常不理想。

  综上所述,在基于 SR 的多目标优化框架下实例化的多目标分布估计算法 SR-MEDA-VL 可以很好地求解具有变量连接的测试函数,并且在某些相对复杂的测试函数上,SR-MEDA-VL 各方面的性能都优于专门用于求解具有变量连接测试函数的 RM-MEDA 算法。

  ②SR-MEDA-ZDT。

  其次,验证算法 SR-MEDA-ZDT 和 RM-MEDA 在 ZDT 测试集上的收敛质量和种群多样性保持情况。各算法在每一个测试函数上都独立运行 20 轮,得到的最终 PS 对应的 PF 和 20 轮得到的 PF 叠加情况如图 4.15 ~ 图 4.19 所示。其中,每一张图的子图(a)和(b)分别代表 SR-MEDA 和 RM-MEDA 得到的最终非支配前沿 PF,子图(c)和(d)分别代表 SR-MEDA 和 RM-MEDA 运行 20 轮得到的 PF 的叠加情况。

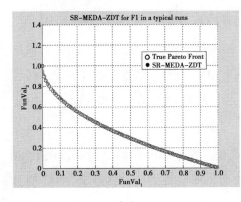

(a)

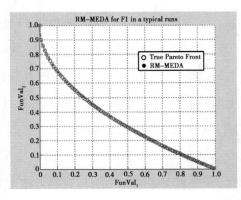

(b)

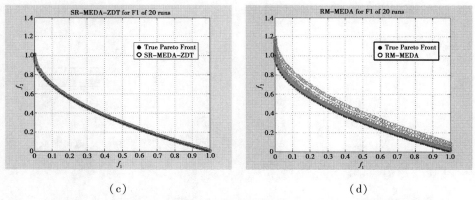

（c）   （d）

图 4.15   F1（ZDT1）测试函数上算法 SR-MEDA-ZDT 和 RM-MEDA 分别

获得最终 PS 所对应的 PF 和 20 轮获得 PS 所对应的 PF 的叠加结果

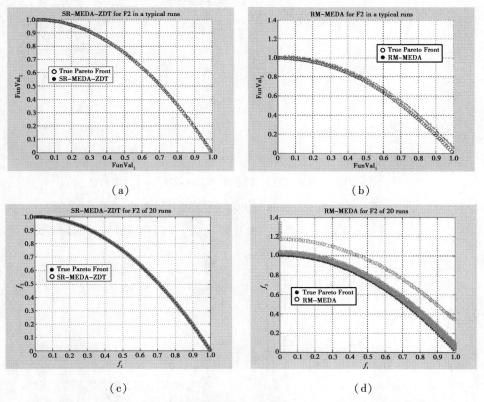

（a）   （b）

（c）   （d）

图 4.16   F2（ZDT2）测试函数上算法 SR-MEDA-ZDT 和 RM-MEDA 分别

获得最终 PS 所对应的 PF 和 20 轮获得 PS 所对应的 PF 的叠加结果

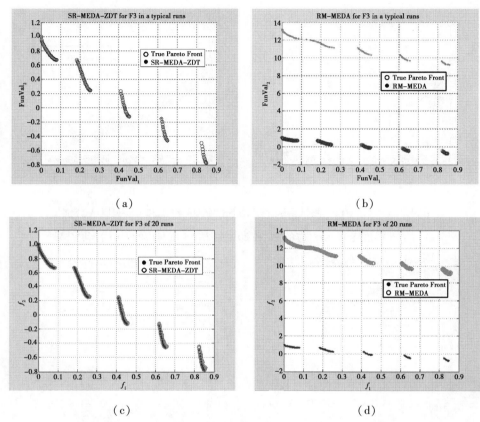

（a）   （b）

（c）   （d）

图 4.17　F3(ZDT3)测试函数上算法 SR-MEDA-ZDT 和 RM-MEDA 分别

获得最终 PS 所对应的 PF 和 20 轮获得 PS 所对应的 PF 的叠加结果

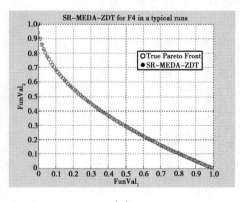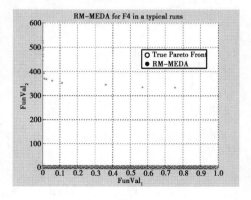

（a）   （b）

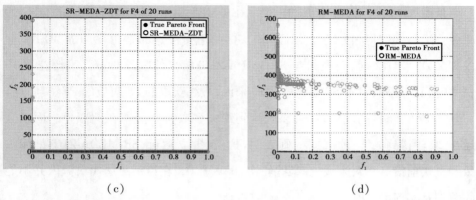

（c）   （d）

图 4.18　F4（ZDT4）测试函数上算法 SR-MEDA-ZDT 和 RM-MEDA 分别

获得最终 PS 所对应的 PF 和 20 轮获得 PS 所对应的 PF 的叠加结果

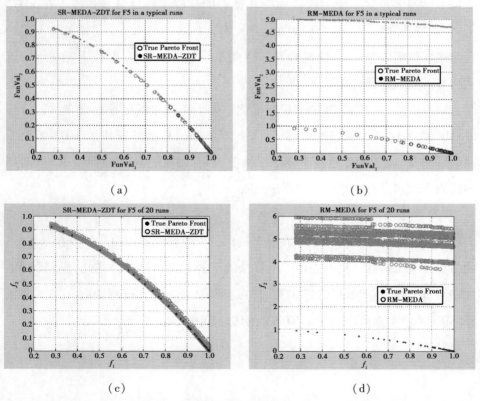

（a）   （b）

（c）   （d）

图 4.19　F5（ZDT6）测试函数上算法 SR-MEDA-ZDT 和 RM-MEDA 分别

获得最终 PS 所对应的 PF 和 20 轮获得 PS 所对应的 PF 的叠加结果

从图4.15、图4.16可以看出,算法 SR-MEDA-ZDT 和 RM-MEDA 都能在20轮独立运行中取得很好的非支配前沿。但是值得注意的是,算法 RM-MEDA 在处理 ZDT1、ZDT2 时,要取得与 SR-MEDA-ZDT 相当的收敛质量几乎要花费10倍的时间。另外,对于 SR-MEDA-ZDT 来说,最终获取的 PS 对应的 PF(实心点)与真实 PF(圆圈)高度重合,可以观测到绝大多数实心点都在圆圈里。而独立运行20轮得到的解叠加结果,则表明每一次独立运行,SR-MEDA-ZDT 都能收敛到真实前沿。相对来说,在某些轮次,RM-MEDA 在给定的迭代次数内并不能收敛到真实前沿。

图4.17~图4.19表明,本章算法 SR-MEDA-ZDT 在 ZDT3、ZDT4 和 ZDT5上依然体现出非常不错的收敛质量和良好的种群多样性分布。除了在 ZDT5上,在某些独立轮次上极个别非支配解没有达到真实前沿。而 RM-MEDA 在处理这些测试函数时,虽然能使种群保持良好的多样性分布,但并不能在给定迭代次数内收敛到真实前沿。

综上所述,在基于 SR 的多目标优化框架下实例化的多目标分布估计算法 SR-MEDA-ZDT 可以很好地求解 ZDT 标准测试集,算法 SR-MEDA-ZDT 无论是在收敛质量、收敛速度还是多样性保持上,都明显优于 RM-MEDA。RM-MEDA 不适用于求解没有变量连接的测试函数。

(2)催化因子 *CF* 分析

前面分析过,催化因子 *CF* 在整个进化过程中有重要作用。如果在基于 SR 的多目标分布估计算法中去掉 *CF*,算法的性能会怎么样呢? 对此,我们以 SR-MEDA-ZDT 算法在测试函数 ZDT6 上的求解效果为例子进行说明。用无催化 SR-MEDA-ZDT 算法求解 F5(ZDT6)的结果如图4.20所示。

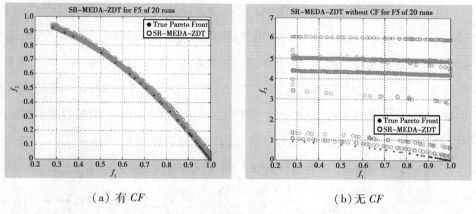

（a）有 CF　　　　　　　　　　　　（b）无 CF

图 4.20　F5（ZDT6）测试函数上 SR-MEDA-ZDT 算法和去掉 CF 的 SR-MEDA 算法

分别获得最终 PS 所对应的 PF(a)和 20 轮获得 PS 所对应的 PF 的叠加结果(b)

从图 4.20 可以看出，如果去掉算法 SR-MEDA-ZDT 的催化因子 CF，会导致进化速度急剧减缓。因此，催化因子对于社会变革模型 SR 来说是很重要的，如果没有 CF，社会模式发展进程则将受到严重影响。在此，来分析在求解各个测试函数时 CF 对算法 SR-MEDA-VL 和 SR-MEDA-ZDT 的影响情况。图 4.21 和图 4.22 分别表示了算法 SR-MEDA-VL 和 SR-MEDA-ZDT 在求解各个测试函数时 CF 在整个进化过程中的变化曲线。横坐标为迭代次数，纵坐标为 CF 值（除了图 4.21(a)的纵坐标为迭代次数比值）。

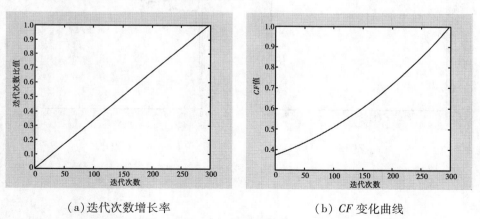

（a）迭代次数增长率　　　　　　　　　（b）CF 变化曲线

图 4.21　SR-MEDA-VL 求解测试函数 F7 时的迭代次数增长率(a)和 CF 变化曲线(b)

由于在求解具有变量连接的测试函数时,SR-MEDA-VL 的催化因子 CF 的实例化为与迭代次数增长率相关的指数函数,如公式(4.2)所示。这就表明,虽然 SR-MEDA-VL 在求解 F1～F9 时的 CF 变化曲线会随着迭代次数的不同而不同,但是总体的变化曲线都是与图 4.21(b)类似,因此,在图 4.21 中只给出了 SR-MEDA-VL 求解具有非线性变量连接的测试函数 F7 时的迭代次数增长率和相应的 CF 变化曲线。从图 4.21 可以看出,CF 随着进化过程的推进而不断增长为 1,进化全程都作用于当前种群,CF 的表现是与预期相符合的。

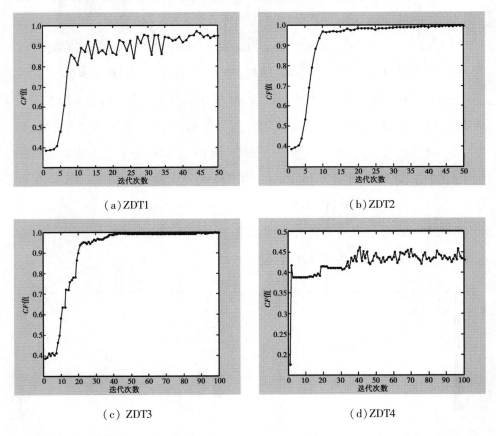

(a)ZDT1

(b)ZDT2

(c) ZDT3

(d)ZDT4

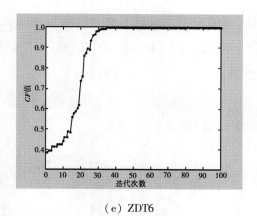

（e）ZDT6

图 4.22　催化因子 CF 在 SR-MEDA-ZDT 求解各测试函数时的变化曲线

图 4.22（a）～（c）和（e）表明，催化因子 CF 随着进化过程的推进不断趋近于 1，这样的变化规律也是符合预期的，这说明 SR-MEDA-ZDT 算法在求解测试函数 ZDT1、ZDT2、ZDT3 和 ZDT6 时，催化因子 CF 是有效的，它不断作用于当前种群，并随着算法的收敛不断缩小自身的影响。而在图 4.22（d）中，CF 的表现说明 SR-MEDA-ZDT 在求解 ZDT4 时，CF 没有达到预期效果。造成 CF 表现不好的原因是当前定义的 CF 可能不太适用于测试函数 ZDT4。ZDT4 是多模态的，其决策变量除了 $x_1 \in [0,1]$ 之外，其他取值范围为对称区间 $[-5,5]$。因此可以看出 CF 一直在 0.45 左右徘徊，无法靠近 1。

综上所述，CF 对于社会变革模型 SR 是不可或缺的，并且，针对不同的优化问题应该构造多种多样的催化因子，才能使得 CF 表现出最佳作用。

（3）变量维数对算法的影响

决策变量的维数也是一个严重影响优化算法性能的关键因素。特别是在社会变革模型中，决策变量的维数代表着当前模式下思想意识的数量。如果没有一个好的机制来引导这些思想意识，那么在同一个时期过量的思想意识将会严重影响社会模式发展成为一个统一模式的速度。因此，催化因子 CF 的另一个隐含作用是催化当前模式使其向主流意识靠拢，并削弱当前模式中其他思想意识对个体的影响。为验证此观点，我们采用算法 SR-MEDA-ZDT 和去掉催化

因子 *CF* 的 SR-MEDA-ZDT 求解了设置多种变量维数的测试函数 F5（ZDT6）。变量维数的具体数值分别设置为：10、20、30、40、50、60、70、80、90 和 100。图 4.23 给出了实验的结果。

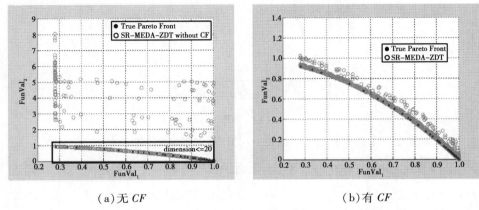

（a）无 *CF*　　　　　　　　　　　　（b）有 *CF*

图 4.23　F5（ZDT6）测试函数上去掉 *CF* 的 SR-MEDA-ZDT（a）和算法 SR-MEDA-ZDT

算法（b）分别在各中变量维数上获得的最终 PS 所对应的 PF 的叠加结果

图 4.23（a）表明，在没有催化因子的情况下，SR-MEDA-ZDT 在决策变量维数为 10 和 20 时可以取得很好的性能。但当变量维数增加时，SR-MEDA-ZDT 在没有催化因子的情况下已经难以求解测试函数 ZDT6。图 4.23（b）表示的是带有催化因子 *CF* 的实验结果。可以看出，在所有维数设置下，SR-MEDA-ZDT 都具有很高的收敛质量和良好的多样性个性保持。这个实验表明了变量维数对算法的性能是有重大影响的，而 *CF* 可以降低变量维数对算法的影响，这使得基于社会变革模型 SR 框架下实现的分布估计算法具有更大的现实意义。当然，在维数更大的时候，SR-MEDA-ZDT 算法的性能还是有所下降，要解决这个问题可以通过设计不同的 {（IM，FCM），*CF*} 来实现。同样的操作在 SR-MEDA-VL 上体现出相似的结果，在此不再赘述。

4.6 本章小结

本章提出了社会变革模型 SR。社会变革模型的灵感来源于人类社会的发展模式。将进化算法中的种群分布类比为社会模式,利用社会变革模式的特点建立一个用于分布估计算法框架的社会变革模型 SR。基于 SR 提出了一个新的多目标优化框架,并通过实例化 SR 模型,在该框架下设计了两个用于求解不同的测试函数的基于 SR 的多目标分布估计算法 SR-MEDA-VL 和 SR-MEDA-ZDT,这两个算法分别用于求解具有变量连接的测试函数和 ZDT 标准测试集。实验表明,SR-MEDA-VL 在求解具有变量连接的测试函数时,在收敛速度、收敛质量和多样性保持上都能取得很好的结果;SR-MEDA-ZDT 在求解 ZDT 测试集时,可以保证很好的收敛质量和良好的种群多样性。通过这两个实例化算法的实验结果,阐明了基于 SR 的多目标优化框架的可行性和适应性,这使得不同的研究者可以根据不同的多目标优化问题设计出不同的多目标分布估计算法。因此,社会变革模型 SR 是值得深入研究的模型。

5 多目标分布估计算法在图像配准中的应用

5.1 引　言

在现实生活和科学研究中,有时候人们需要用到全景图像。然而受到客观因素的限制,高分辨率的全景图像很难通过普通设备来获取。即使拥有获取高分辨率全景图像的专业设备,如广角镜头或者扫描式相机,也需要专业的技术人员来操作和维护,代价较高。且广角镜头等获取的全景图像往往会产生扭曲形变。因此,图像拼接方法在图像处理、计算机视觉和计算图形学领域变得越来越重要。通过图像拼接技术可以使用普通成像设备获取高分辨率的全景图像,以满足现实生活或科学研究中对全景图像的需求。一般的图像拼接框架如图 5.1 所示。

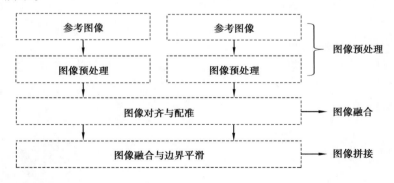

图 5.1　图像拼接框架

　　从图 5.1 可以看出,在图像拼接技术中,有两个关键环节:图像配准与图像融合。图像拼接方法又分为直接方法和基于特征的方法。一般来说基于特征的图像拼接方法更通用、更准确。基于特征的图像拼接方法一般包含 5 个步骤:特征提取、特征描述、特征匹配、模型估计和图像融合。前 4 个步骤合起来即为基于特征的图像配准。图像配准对图像拼接方法的性能有着至关重要的影响,因此是图像拼接方法的关键与核心。对于图像配准方法来说,特征提取、特征描述与特征匹配很多研究都已有广泛探索,而模型评估则研究较少。然而精确性和鲁棒性好的图像变换模型才能保证图像配准结果的可行性。因此,在本章中,我们将图像配准的变换模型估计过程建模为多目标优化问题,提出了一个基于多目标优化的图像配准方法 MO-IRM(Multi-objective Optimization-based Image Registration Method)来提高图像配准结果的准确性和鲁棒性,并缩短配准时间,降低配准算法的耗时敏感性。

5.2　基于多目标优化的图像配准方法

5.2.1　模型参数估计存在的问题

　　传统的图像配准的变换模型的参数估计方法可以总结为采用最优化方法,如最小二乘法、梯度下降法、模拟退火法等方法在匹配特征空间中搜索最优解来计算变换模型的参数。可以看出,这些方法对匹配特征的依赖性非常大,如果得到的匹配特征数据集中存在过多的误匹配特征点,那么基于这些误匹配点计算得到的变换模型参数是无法实现图像的准确配准。然而,特征点匹配阶段通常不可能完全避免误匹配,这使得采用最优化方法获得的参数估计结果的精确度和鲁棒性都不高。为了提高模型参数的精确度和鲁棒性,在图像配准模型参数估计阶段,一般会对匹配特征数据集进行提纯。

随机抽样一致性算法 RANSAC（Random Sampling Consensus）是应用最为广泛的匹配特征数据集提纯和图像变换模型参数评估方法。在 RANSAC 中,首先给定一个目标函数;然后随机生成一组初始变换模型参数;其次根据初始参数将匹配特征数据集分为满足模型假设的内点和不满足模型假设的外点;再抛弃外点,利用内点集合重新估计变换模型参数。如此反复迭代,当内点数量达到一定比例或者算法达到迭代次数,则输出估计得到的模型参数作为最终的变换模型参数。因此,传统图像配准的模型参数估计过程可以认为是一个单目标最优化问题。RANSAC 算法的具体步骤可参见 2.4 节。

但是,这种单目标最优化问题存在一个很大的缺陷,即模型参数的估计太依赖于匹配特征数据集。首先,RANSAC 的计算复杂性很容易因为大尺寸输入图像包含很多特征点而升高;其次,在找到正确的模型之前,算法需要迭代的次数越多,算法的误匹配率就会越高,这将直接增大生成错误配准模型的概率。近些年来,研究者们在克服这些问题上做了很多努力。他们的改进研究基本上可以分为两类:

（1）加入数据预检测过程。即在将模型应用到所有数据之前,先使用部分数据对模型进行预检测,以剔除错误匹配特征点。

（2）探索或修改模型的采样过程以生成更有效的模型假设。

Zhao 等将这些策略添加到 RANSAC 中,并与原 RANSAC 算法进行了比较。实验结果表明,这些策略是在一定程度上可以优化 RANSAC 的性能,但遗憾的是,很难使算法在准确性、鲁棒性和耗时上都取得比较好的效果。为了解决这个难题,我们引入了多目标优化的思想,将变换模型的参数估计过程构建成一个多目标优化模型,从而降低匹配特征数据集对模型参数估计过程的影响,以同时实现图像配准在准确性、鲁棒性和耗时上的性能提升。

5.2.2　多目标模型的建立

为了保证图像配准的变换模型 H（Homography matrix）的可行性，模型参数估计的精确性、鲁棒性和耗时性是必须考虑的内容。因此，我们建立一个用于优化模型参数估计精确性和鲁棒性的双目标模型，该模型可以降低匹配特征数据集对模型估计阶段的影响以降低算法耗时。

为了确保透视变换模型 H 参数的精确性，将目标 $f_1(X)$ 设置为：最小化 H 模型到匹配特征数据集 P 的平均距离 $\bar{d}$，目标 1 可表示为：

$$\min f_1(X) = \bar{d}(H,P) \tag{5.1}$$

受 RANSAC 算法启发，参照该算法将数据集划分为内点和外点两个部分。当 H 到匹配特征数据集 P 的平均距离 $\bar{d}$ 确定时，H 模型包含的内点越多，则认为该模型鲁棒性越好。因此，为了尽可能地提高 H 模型的鲁棒性，将目标 $f_2(X)$ 设置为：在给定的 $\bar{d}$ 下，最小化阈值距离 d_{T} 以保证 H 模型包含的内点数最大化，目标 2 可表示为：

$$\min f_2(X) = \mathrm{argmax}(N_{\mathrm{in}}(d_{\mathrm{T}},\bar{d})) \tag{5.2}$$

其中，N_{in} 是关于阈值距离 d_T 的函数，用来计算内点数量，N_{in} 受到目标 1 中均值距离 $\bar{d}$ 的影响。根据前面的分析，双目标很有必要并且已足够用来评估变换模型 H 了，因此，本章建立的双目标优化模型为：

$$\min F(X) = (f_1(X), f_2(X))^{\mathrm{T}}$$
$$\text{subject to } X = (x_1, x_2, \cdots, x_n) \in S \tag{5.3}$$

在模型中，需同时最小化 2 个目标 $f_i(X):R^n \to R$。决策变量 X 属于可行域 S。如将 MO-IRM 嵌入到图像拼接框架中，可以看出本书方法与传统方法的区别，如图 5.2 所示。

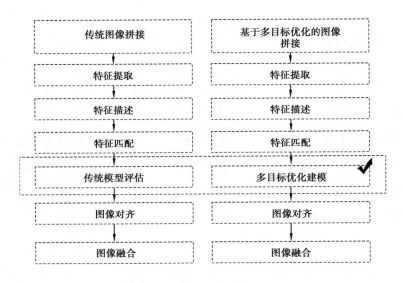

图 5.2 MO-IRM 在图像拼接框架中的贡献

由图 5.2 可知,在 MO-IRM 中,我们将传统的模型评估方法替换成了基于多目标优化的建模方法。这样就可以将一个参数估计问题转化为一个双目标优化问题,从而通过多目标优化算法求解该问题以得到透视变换模型 H。

建立双目标模型之后,在整个优化过程中,除了计算 H 和 P 之间距离之外,并不需要匹配特征数据集 P 参与。因此,当图像尺寸变大使得匹配特征点数增多时,模型评估耗时不会明显增加,这就极大地降低了匹配特征数据集对模型估计阶段的影响,从而提高算法效率。

5.2.3　多目标模型的求解

可以采用任何的多目标优化算法来求解双目标参数估计模型。在这里,我们采用第 3 章提出的 FRM-MEDA 算法来求解该模型。为了采用 FRM-MEDA 求解该模型,需要对决策变量进行具体设计。

首先,将 H 的具体形式设置为透视变换,即假设 (x, y) 为第一张图像中某个点的坐标,(x', y') 为第二张图像中与点 (x, y) 相对应的点坐标。那么两张图像之间的点可以通过一个透视变换矩阵相互转化。变换过程如下:

$$\begin{bmatrix} x' \\ y' \\ 1 \end{bmatrix} = \begin{bmatrix} h_1 & h_2 & h_3 \\ h_4 & h_5 & h_6 \\ h_7 & h_8 & 1 \end{bmatrix} \begin{bmatrix} x \\ y \\ 1 \end{bmatrix} \tag{5.4}$$

上面的透视变换矩阵正是我们要求的变换模型 H。为了求得 H,需要确定 8 个未知参数 $h_1 \sim h_8$。由于 H 中有 8 个未知参数加上一个已知参数 1,共 9 个参数,故将算法 FRM-MEDA 的决策变量的维数设置为 9,每一维对应于 H 变换模型的一个参数。则决策变量 x 可表示为:

$$x = (h_1, h_2, h_3, h_4, h_5, h_6, h_7, h_8, 1) \tag{5.5}$$

在优化 FRM-MEDA 算法的初始化阶段,根据匹配特征数据集 P 可计算得到具体变换模型 H,则在这种变量假设下,H 都可以作为初始化种群的一个个体,随机计算 N 个个体就可以得到初始种群 $Pop(0) = \{H_1, H_2, \cdots, H_N\}$。通过进化计算,可以得到双目标模型下的新变换模型 H',变换模型 H' 中的未知参数 $h_1 \sim h_8$ 均可以由算法 FRM-MEDA 求解得到,当优化结束,就可以得到一组在精确性和鲁棒性上最优的 Pareto 解集 $Pop(t) = \{H_1^F, H_2^F, \cdots, H_N^F\}$。最后在配准时,根据某种策略从 $Pop(t)$ 中选取一个模型 H_i^F 进行图像配准即可,本书的选取方式为随机选取。图 5.3 给出了基于 MO-IRM 的图像拼接整体框架。

根据图 5.3,基于多目标优化的图像配准方法 MO-IRM 的总体流程可具体描述如下:

(1)提取两张图像的 SIFT(Scale-Invariant Feature Transform)特征以获得匹配特征点对,即匹配特征数据集 P;

(2)建立一个基于双目标优化的参数评估模型;

(3)采用 FRM-MEDA 算法求解双目标模型,从而将匹配特征数据集 P 转换为变换模型 H,并根据 H 对图像进行配准;

(4)将配准后的图像进行对齐操作,之后拼接两张图像获得视角更大的拼接图像。

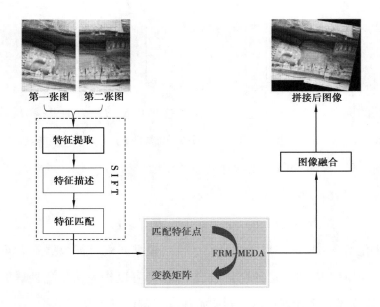

图 5.3　基于 MO-IRM 的图像拼接整体框架

在这里,算法 FRM-MEDA 可以替换成任意的多目标 EDA 算法或者其他多目标进化算法,不同的算法会得到不同的 *H* 变换模型,但不影响 MO-IRM 本身。

5.3　MO-IRM 在大足石刻图像配准上的应用

大足石刻 (Dazu Rock Carvings) 是著名的世界文化遗产,世界八大石窟之一,是我国 5A 级旅游景区和全国重点文物保护单位。大足石刻是位于重庆市大足区境内的宗教摩崖造像总称。石刻题材以佛教题材为主,儒、道教造像并陈,是重庆市的十大文化符号,也是人类文明史上著名的艺术瑰宝、历史宝库和佛教圣地。石刻始凿于初唐,历经晚唐、五代、北宋,兴盛于南宋,延续至明、清。它融合了佛教、道教和儒教的思想精髓,并在造像艺术上结合了外来佛像造像的精华,进行石窟雕刻艺术的本地化设计,以真实地反映当时中国社会的哲学思想和风土人情,其造型艺术和宗教思想对后世产生了极大影响。1992 年 12

月,大足石刻以具有极高的历史、艺术和科学价值被联合国教科文组织列入《世界遗产名录》。虽然大足石刻因地处偏僻、交通不便而未被人为严重损坏,也并未遭受过重大自然灾害,但由于年代久远,加上当代气候环境的急剧恶化,使得部分石刻也不可避免地遭受严重风化、溃蚀、崩塌和病虫害,甚至个别龛窟在早年已经坍塌。这些因素都会使得这一璀璨的石刻艺术濒临消失。如何才能让大足石刻这个"唐宋石刻艺术的文化宝库"与"世界石窟艺术最后的丰碑"得以永久保存,已经成为文物爱好者和文物保护工作者的重要课题。

大足石刻与敦煌石窟、云冈石窟和龙门石窟构成了一部完整的中国石窟艺术史,是重要文化遗产。早在多年前,敦煌研究院已经意识到利用计算机技术来对文物进行数字化保护是非常重要的一项文物保护手段。1993 年开始,敦煌研究院实施了"敦煌壁画计算机存贮与管理系统研究""濒危珍贵文物的计算机存贮与再现系统研究"等多项科研项目。到目前为止,敦煌研究院已经实现了40 个洞窟的三维动画实景漫游。另外,数字故宫、《清明上河图》数字化展示和云冈石窟全景漫游等项目也都已逐步实现。数字化处理和数字化保护已经成为文物再现和保护的重要手段。然而,作为重庆市唯一的世界文化遗产,直到2012 年大足石刻研究院才开始启动石刻数字博物馆的建设工程,大足石刻的数字化保护工作刻不容缓。

大足石刻数字图像修复研究是重庆市教育委员会资助的重点人文社会科学研究项目,项目的主要目的是对破损的石刻造像进行数字修复,以辅助人工修复,从而减少人工直接修复石刻造像不当而带来的损失。在图像修复中,需要从原图像未破损部分或者其他图像中选择相似图像块来修复破损部分,这就涉及图像配准问题。因此,在重庆市教育委员会人文社会科学研究重点项目"大足石刻数字图像修复研究"(14SKJ01,2014—2017)中,我们的主要任务是利用提出的 MO-IRM 方法对大足石刻图像进行配准研究,并且结合实际配准的需要,提出多图配准策略,以提高图像配准效率。本书中大足石刻图像来源均为实地拍摄图像。

5.4 实 验

本章提出的 MO-IRM 算法被用来对大足石刻图像进行配准,并与基于 RANSAC 的图像配准方法、优秀的多目标 EDA 算法 RM-MEDA 以及优秀的传统 进化多目标优化算法 NSGA-Ⅱ进行比较。其中,算法 RM-MEDA 和 NSGA-Ⅱ是 基于 MO-IRM 框架,只是将 MO-IRM 中的双目标模型的求解算法 FRM-MEDA 分别替换成了 RM-MEDA 和 NSGA-Ⅱ,因此这两个算法的结果依然是在 MO-IRM 框架下获得的。算法 MO-IRM 中模型的建立与采样通过 EDA 工具箱 MatEDA 来编码实现。

5.4.1 实验设置

在开始实验之前,需要对一些参数进行设置。首先为与 RANSAC 保持一致,SIFT 特征点的匹配阈值均设置为 0.6。多目标优化算法 FRM-MEDA、RM-MEDA 和 NSGA-Ⅱ的变量维数设置为 9。种群大小和迭代次数需要通过试验来确定。在参数选择实验中,种群大小的选择范围设置为 4 ~ 10(仅偶数),迭代次数的选择范围为 2 ~ 5。实验中用到的评价指标为 GD 和 Δ 度量值,前者用于衡量收敛质量,后者用于衡量种群的多样性保持情况,这两个指标均在 2.2 节有详细描述。得到的 GD 和 Δ 度量值都是基于 20 次独立运行的,具体的数值见表 5.1 和表 5.2。

为了更好地观察 GD 值和 Δ 值在不同种群和迭代次数下的变化情况,图 5.4(a)、(b)分别给出了对应于表 5.1、表 5.2 的折线图。通过图 5.4(a)、(b)可以看出,MO-IRM 在种群大小等于 4、迭代次数也为 4 的情况下算法的性能最好、最稳定。因此,将 FRM-MEDA、RM-MEDA 和 NSGA-Ⅱ的种群大小和迭代次数均设置为"4"。

表 5.1 不同种群大小和迭代次数下独立运行 20 轮的" Mean GD ± Std Dev"结果

Population size	mean GD ± std Dev			
	Iterations = 2	Iterations = 3	Iterations = 4	Iterations = 5
4	0.005 1 ±0.008 1	0.003 2 ±0.005 6	0.001 4 ±0.003 4	0.001 7 ±0.005 0
6	0.007 1 ±0.011 2	0.004 8 ±0.005 7	0.001 6 ±0.002 5	0.002 3 ±0.002 6
8	0.005 1 ±0.006 6	0.004 9 ±0.004 0	0.001 1 ±0.001 9	0.002 2 ±0.002 0
10	0.006 8 ±0.005 5	0.002 9 ±0.003 1	0.001 7 ±0.001 5	0.002 6 ±1.001 3

表 5.2 不同种群大小和迭代次数下独立运行 20 轮的"mean Δ ± Std Dev"结果

Population size	mean Δ ± std Dev			
	Iterations = 2	Iterations = 3	Iterations = 4	Iterations = 5
4	0.944 8 ±0.125 9	0.994 1 ±0.129 0	0.973 2 ±0.277 5	0.985 2 ±0.205 3
6	1.134 2 ±0.142 5	1.264 8 ±0.140 7	1.237 2 ±0.277 0	1.257 6 ±0.259 6
8	1.154 0 ±0.130 1	1.260 0 ±0.204 8	1.367 0 ±0.187 6	1.383 5 ±0.160 7
10	1.185 9 ±0.143 5	1.308 7 ±0.126 4	1.375 2 ±0.142 1	1.404 9 ±0.147 1

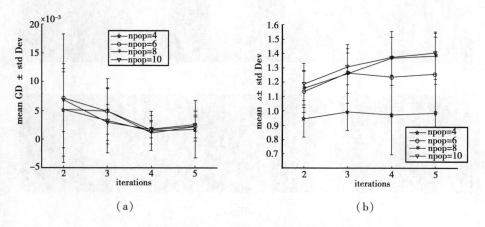

图 5.4 表 5.1 (a) 和表 5.2(b)的折线图

5.4.2　结果及分析

（1）两两配准

两两配准即输入两幅图像，进行配准后，将两图像进行对齐叠加，输出一幅视角更广的简单叠加图像（无融合操作）。配准结果分以下两种情况进行展示。

①相同环境、相同设备获取的大足石刻图像。如图 5.5 所示，给出的两张图像是在相同环境下，由同一设备所获取的。这种情况下所有算法的配准结果都非常好，对齐叠加的图像几乎可以忽略掉融合步骤，直接作为拼接结果。

（a）输入图像 1　　　　　　　　　　（b）输入图像 2

（c）MO-IRM

（d）RNSAC

（e）RM-MEDA

（f）NSGA-Ⅱ

图5.5 （a）和（b）为输入图像。（c）～（f）分别为执行 MO-IRM，RANSAC，

RM-MEDA 和 NSGA-Ⅱ后获得的对齐叠加图像

②不同环境、不同设备获取的大足石刻图像。如图 5.6 所示,给出的两张图像是在不同环境下,由不同设备所获取的。这些图像具有不同的分辨率、光照和拍摄角度等。在这种情况下,不同算法的配准结果有了明显的差异。显然图 5.6（c）的对齐叠加效果明显好于图 5.6（d）～（f）。在图 5.6（c）中,配准的结果是比较好的,除了在佛像头部有稍小的非对齐引起的错位。而在图 5.6（d）～（f）中,两张图的对齐叠加效果都非常不好,尤其是 NSGA-Ⅱ的配准结果错位最严重。因此,在这种情形下,本书提出的 MO-IRM 算法明显好于其他 3 个算法。

（a）输入图像1　　　　　　　　　　　（b）输入图像2

（c）MO-IRM   （d）RANSAC

（e）RM-MEDA   （f）NSGA-Ⅱ

图5.6　（a）和（b）为输入图像，（c）~（f）分别为执行 MO-IRM，RANSAC，RM-MEDA

和 NSGA-Ⅱ后获得的对齐叠加图像

（2）多图配准

　　考虑到实际应用中图像配准的效率问题，我们提出了一种多图配准的策略，即一次性输入多张图像，配准完成后输出一张包含所有输入图像信息的大角度的简单叠加图像。但是由于算法需要处理多张输入图像数量，因此必须给出一个配准顺序。本书给出的策略是：首先，选择一张与其余图像相关性最大的图像作为参考图像，并计算它与其余图像的特征匹配点对的数量 NOMP（Number of Matching Point-pair）；然后对所有的 NOMP 进行升序排序，得到的排序结果称为优先表，优先表给出的顺序即为后续多图配准的图像顺序。对 NOMP 进行升序排序的目的是，将匹配点对少的图像先配准，这可以保证相关性小的图像也能配得上,而不会因为多次配准后参考图像产生形变导致配准失败。NOMP 越大,成功率越高,因此配准顺序越靠后。整个配准策略如图5.7所示。

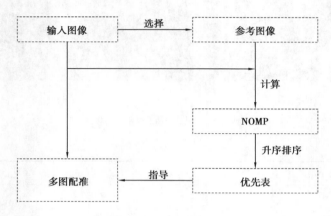

图 5.7　多图配准流程

在优先表的指导下,先将参考图像与优先级第一的图像进行配准,得到一张对齐叠加图像。然后再将这张对齐叠加图像与下一张图像配准,生成一张视角更广的对齐叠加图像。以此类推,直到所有图像都配准完成,输出最终的对齐叠加图像。

接下来,输入 4 张不同环境、不同设备获取的大足石刻图像来进行多图配准实验,输入图像如图 5.8 所示。在进行两两配准时,本书提出的 MO-IRM 算法展现出了良好的性能,而其他算法性能太差,因此在这个实验中,我们只验证了 MO-IRM 算法的性能。

(a)　　　　　　　　　　　　　　　　(b)

（c）　　　　　　　　　　　　　　　（d）

图 5.8　多图配准的输入图像

表 5.3　优先表

Image No.	（a）vs（d）	（a）vs（c）	（a）vs（b）
NOMP	32	875	1 175
Priority	1	2	3

　　获取输入图像后，根据图 5.7 的多图配准流程选择图 5.8（a）作为参考图像，然后分别计算图 5.8（a）与图 5.8（b）~（d）的 NOMP 值，排序得到优先表 5.3。

　　根据优先表的顺序，依次对各图像进行配准，配准的中间结果如图 5.9 所示。

（a）

(b)

(c)

图 5.9　(a)为图 5.8 (a)与图 5.8 (d)的对齐叠加结果;(b)为图 5.9 (a)与图 5.8 (c)

的对齐叠加结果;(c)为图 5.9 (b)与图 5.8 (b)的对齐叠加结果

　　从图 5.9 可以看出,多图配准的效果很不错,且中间结果的缺陷可以在进一步配准的过程中被修正。例如图 5.9 (a),在配准图 5.8 (a)与图 5.8 (d)时,产生了较严重形变,但在进一步配准后就被调整回来了。

运行时间在图像配准算法中也是一个很重要的性能指标。由于在建模过程之前,MO-IRM 算法并未做任何工作,所有算法在建模之前的操作都是一致的。因此,我们只给出模型评估过程的耗时情况,如表 5.4 和图 5.10 所示。

表 5.4   模型评估过程在算法独立运行 20 轮后的平均耗时

Methods	Average elapsed time（Mean t ± Std Dev）		
	NOFP(NOMP) =1 172(111)	NOFP(NOMP) =4 690(1 613)	NOFP(NOMP) =7 172(1 175)
MO-IRM	0.090 5 ±0.039 1	0.105 3 ±0.035 0	0.116 2 ±0.039 4
RANSAC	0.898 6 ±0.183 1	1.304 2 ±0.240 3	1.653 6 ±0.227 3
RM-MEDA	0.079 6 ±0.032 4	0.109 2 ±0.026 8	0.117 8 ±0.039 0
NSGA-Ⅱ	0.337 7 ±0.051 7	0.369 7 ±0.048 6	0.397 8 ±0.045 7

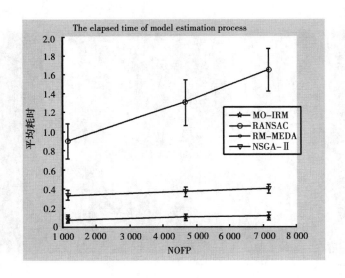

图 5.10   关于表 5.4 的折线图

图 5.10 表明本章提出的基于多目标优化的图像配准方法 MO-IRM 相对其他算法来说耗时最低。由于算法 RM-MEDA 和 NSGA-Ⅱ 与 MO-IRM 的建模过程是一样的,所以这 3 个算法的耗时曲线是平行的。其中 RM-MEDA 的耗时与MO-IRM 基本一样。NSGA-Ⅱ 由于算法本身比较耗时,因此 NSGA-Ⅱ 对应的耗

时曲线在 MO-IRM 的曲线上方。这 3 个算法的耗时曲线随着图像特征点数的增加(图像尺寸变大)变化并不明显。相比之下,算法 RANSAC 是最耗时的,且运行时间随着图像特征点数的增加(图像尺寸变大)而急剧增加。

5.5 本章小结

本章首先指出传统的基于 RANSAC 的图像配准方法的模型估计过程不仅耗时,且容易受到误匹配特征点的影响。随着迭代次数的增加,误匹配率也越来越高。基于此,我们提出了基于多目标优化的图像配准方法 MO-IRM。在 MO-IRM 中,首先将图像配准中的模型评估过程刻画成一个双目标优化问题;其次,采用多目标分布估计算法来求解该模型。这样的设计大大降低了特征点数据集对算法的影响。特征点数据集对于 MO-IRM 来说基本上就起到初始化种群的作用。针对图像配准在大足石刻的数字化保护工作中的重要性,我们将 MO-IRM 应用到大足石刻图像配准中。对大足石刻的图像进行配准的实验表明,MO-IRM 算法明显优于 RM-MEDA、NSGA-Ⅱ以及基于 RANSAC 的图像配准方法。并且 MO-IRM 耗时低。当图像尺寸变大时,该算法的耗时曲线基本上保持不变。值得指出的是,传统图像配准中的特征提取、特征描述和特征匹配步骤在本章算法 MO-IRM 上并不重要。因此,可以采用更高效的手段来获取少量高质量特征匹配点对来计算变换模型,以初始化多目标优化算法的初始种群。如何为 MO-IRM 快速获取特征匹配点对来进行初始化种群是一个很值得研究的问题。

6　多图自动拼接系统设计与实现

6.1　引　言

　　随着互联网技术的不断发展,人们生活水平不断提高,人们对事物精益求精,获取高质量的产品和信息逐渐成为人们的追求。由于图像拼接技术能够获得更宽视角和高分辨率的特点,在计算机视觉和数字图像处理领域其一直是研究的热点。它首先提取图像的特征,然后将多幅有重合部分的图像进行拼接,有效地保留了图像中重要的细节信息,最后无缝拼接成更宽视角的图像。多图自动拼接是在两两拼接的基础上实现的,首先通过特征点提取找到每幅图像中的特征点,然后计算最近邻特征向量与次近邻向量间的欧式距离比来完成特征点对预匹配,因为此时得到的特征点对包含外点,所以通过随机抽样一致性算法剔除不可靠的匹配点对。通过对图像配准中的经典算法进行分类概述,主要对 SIFT,SURF 与 ORB 这 3 种基于图像特征进行特征点提取的算法进行原理分析,并研究各算法的基本思想与优缺点,实现了基于这 3 种算法的图像的两两拼接,概述图像融合过程涉及的融合层次与融合方法,指出图像拼接中存在的不足之处和未来的发展趋势。

6.2 多图自动拼接的必要性

在日常生活中,记录无处不在,视觉作为我们观察世界获取信息的主要载体,显得格外重要。在过去,互联网技术还未兴起,相机对于普通人来说也是奢侈品,在普通人家里就更没有什么值得留下的珍贵记录。而随着信息技术不断发展,互联网技术兴起并不断完善,由此给各行各业都带来翻天覆地的变化,甚至在寻常百姓家也能发现变化无处不在。

当我们拍摄的照片由黑白到彩色,图像质量也越来越好。技术的不断革新,催生了人们对更高物质生活的美好追求,人们想要追求更高质量的信息,更高标准的图像。很容易发现,当我们看到一幅美景想要将其记录下来时,如果拍摄的分辨率较高,则对应的拍摄场景区域会变小,往往会因为无法拍摄完全而懊恼。即使现在的手机都带有全景拍摄的功能,拍摄的范围变广了,但是拍出的照片分辨率却变低了,还可能因为手抖存在局部图像扭曲的现象。而使用专业的相机拍摄,比如使用广角,超广角,鱼眼镜头等进行拍摄,又会因为价格昂贵以及拍摄步骤复杂不会得到大众的青睐。为了兼顾广视角、高分辨率和低成本,图像拼接便应运而生。

图像拼接技术指的是将两幅图像或多幅部分重叠的图像序列,经过处理实现空间匹配对准,变换融合后组成一幅包含全部图像序列信息的宽视角和高分辨率的图像。该技术在医学成像、遥感技术、虚拟现实、视频编辑等多个领域都被广泛应用,随着计算机视觉等技术的飞速发展,其重要性日益凸显。除此之外,图像拼接技术还可以用于视频压缩和图像索引。

图像拼接已被研究了很多年,而拼接中最为重要的两个步骤便是图像的配准和图像的融合,国内外的专家大都致力于研究配准的精度和效率,实现的也多是两幅图像的拼接,而两幅图像拼接并不能完全满足人们的需求,将多幅图像拼接成为一幅更广视角的全景图逐渐成为该领域研究的重点。多幅图像拼接是目前在全球范围内迅速发展并逐渐流行的一种视觉新技术,它将带给人们仿若身临其境的真实现场感和交互体验。

由于图像拼接广泛应用于许多领域,且具有非常好的研究前景,所以这些年国内外对于图像拼接技术的研究一直居高不下,呈现出一幅百花齐放的场面。图像拼接中最关键的便是图像配准和图像融合,研究的方法和角度各异,因此使用的情况也不一样。

从以上分析来看,在图形拼接领域,国内外的专家和学者提出并设计了多种图像拼接算法,该技术得到了快速的发展,但是依然面临着一些待解决的问题。首先,没有一种方法可以适用于所有的情况。其次,大多数拼接方法重点在提高拼接的精度,对效率的改善研究比较少。再者,对于高质量图像的处理,速度会大大降低,最后对于彩色图像来说,拼接处的缝合线较明显,还有待进一步研究。

6.2.1 大足石刻现状

大足石刻是大足县境内主要表现为摩崖造像的石窟艺术的总称。大足石刻其规模宏大,刻艺精湛,内容丰富,具有鲜明的民族特色,具有很高的历史、科学和艺术价值,在我国古代石窟艺术史上占有举足轻重的地位,被国内外誉为神奇的东方艺术明珠,是天才的艺术,是一座独具特色的世界文化遗产的宝库,是一座开发潜力巨大的旅游金矿,是旅游观光的最佳去处。欢迎世界各国的朋友到此旅游观光,领略大足的风情、山光水色,品味大足的地方佳肴。曾经有学者提出过大足学这一概念,它是以大足石刻遗址为主体,结合相关文物、文献资料和实地考古勘察,综合性地发掘、研究、保护并合理开发利用大足石刻及其相关文化遗产的学科构想,其中的研究范围也辐射到了西南周边地区相类似的石刻造像群。这种构想无疑是参考了敦煌学的学科体系。敦煌学从陈寅恪提出概念到如今形成国际性的显学已经经历了 80 多年的发展。而大足的研究开展则明显晚于敦煌。由于发现的时间较晚,政治时局动荡,交通不便,掌握的文献资料较少等原因,大足石刻在被发现后的很长一段时间内都少有国外的学者涉入。因此在 20 世纪 80 年代以前几乎无法找到国外与大足石刻直接相关的研究。虽然不少研究者在其著作中都提到过大足石刻,但往往是浅尝辄止,并没有深入展开。目前国外的大足石刻研究尚存在着松散无体系的状况,大足石刻经常作为一个进行泛化研究的实例,为研究者们研究中国唐宋以来宗教信仰,文化艺术及社会生活提供可考察的对象,这样的研究范围并不仅仅局限于大足境内,四川、云南、贵州、广西等西南地区周边省市的宗教石刻造像艺术也是其研究的重要组成部分。不过值得注意的是在 1999 年大足石刻入选《世界遗产名录》之后,大足石刻的研究开始在海外升温,相继举办的国际学术会议也让国内外学术交流日益扩大与频繁,海外学者有更多机会来到大足,大足石刻的研究也呈现出了更加具有国际性和多学科综合的特征。

以前,由于地处西南山区和交通不便的原因,大足石刻在很长一段时间里都不为外人所知,这一方面使大足石刻能在战乱年代得以完好保存,却也是中国西南地区艺术史上的一个缺憾。目前大足石刻作为世界遗产,在世界范围内已得到越来越多的关注。它无与伦比的石刻造像艺术,不仅吸引来了络绎不绝的海内外游客,也逐渐成为国际学术界一个新的研究热点。随着海内外学术交流的增多,学术组织的成立,以及信息分享手段提升,当地政府的各项鼓励政策的实施,使得国内外的研究壁垒逐渐消失,对大足石刻的研究也呈现出多个方向的发展。除了对石刻造像进行考古调查、造像与文本考释研究、宗教史、美术史、地方史等基础性研究以外,大足石刻的保护技术手段,相关旅游文化创意与策划、文化遗产保护与传承的研究也成了学者们关注的重点。目前大足石刻已与外国专家就石窟的外沿建筑、水害防治、千手观音的抢救性保护,以及对石刻造像的数字化保存等工作展开了深入地探讨与合作。大足石刻文化遗产在保护的基础上如何合理开发利用,展现与弘扬大足石刻的艺术与其独有的人文精神也将成为国内外的研究学者们共同需要解决的问题。

6.2.2 数字图像配准及修复

在现实生活和生产实践中,图像经常因为在不同的时期、不同的成像设备(或者说图像传感器)以及不同的条件下(光照、设备的位置和角度等)获得,如果,要将两幅或者多幅图像进行拼接,或者将某一幅或者多幅图像作为参考图像来对其他图像进行修复时,需要对输入图像进行变换,如平移变换、缩放变换或者旋转变换等,才能将输入图像变换到同一坐标下,以进行匹配、叠加。图像配准的过程如图 6.1 所示。

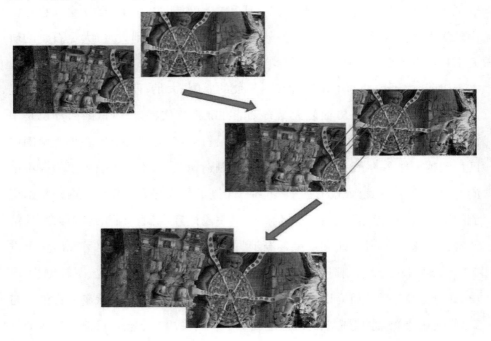

图 6.1　图像配准过程示例

从图 6.1 可以看出,要将多张图像变换到同一个坐标下,需要获得这些图像互相之间的相关信息才能实现变换操作。因此,根据所获取的图像之间的相关信息的不同,可以将图像配准方法分为以下几大类:基于灰度信息的图像配准、基于变换域的图像配准和基于特征的图像配准。

基于灰度信息的图像配准的一般过程是:根据图像的灰度信息寻找多张图像之间的重叠区域;设置相应的代价函数作为相似性度量标准;采用相应的搜索方法来计算使代价函数最优的变换模型的参数值;再根据得到的模型参数值对图像进行变换操作以实现配准。最常用的代价函数是灰度差平方和函数SSD(Sum of Squared Difference),具体计算公式为:

$$E = \sum \left(I(x_i', y_i') - I(x_i, y_i) \right)^2 = e^2 \qquad (6.1)$$

其中,$I(x_i', y_i')$ 和 $I(x_i, y_i)$ 分别代表两张图像中对应像素点的灰度值,e 代表两张图像的灰度差值。

基于变换域的图像配准则是利用傅里叶变换在时域内对图像进行配准的方法。傅里叶变换进行图像配准的原理是,对于具有平移关系的两幅图像来说,他们在频域内的相位是不同的。因此,基于变换域的图像配准又称为相关相位法。假设有两张具有水平变换的图像 I 和 I',则频域内两张图像的关系如公式(6.2)所示。

$$I'(x, y) = I(x - t_x, y - t_y) \qquad (6.2)$$

分别对 I 和 I' 进行傅里叶变换,可得到对应的时域图像 F' 和 F,两者之间的关系为:

$$F'(u, v) = e^{-j2\pi(t d_x + v t_y)} F(u, v) \qquad (6.3)$$

其中

$$e^{(t d_x + v t_y)} = \frac{F(u, v) F'^{*}(u, v)}{\mid F(u, v) F'^{*}(u, v) \mid} \qquad (6.4)$$

可以看到,从频域变换到时域的两张图像幅值相同、相位不同,而相位差是由频域中的平移量来决定的。而对于具有旋转关系的两张图像,在时域内的旋转量不会发生变化。对于具有缩放关系的图像,可以先将图像坐标变换到对数坐标下,即可将缩放关系转化为平移关系来处理。

基于特征的图像配准则是对输入图像的某种特征进行提取,然后进行特征匹配,再进行变换模型参数估计,最后根据得到模型参数对图像进行相应变换的过程。具体的图像特征可以分为点特征、区域特征和边缘特征。相对于其他方法来说,基于特征的图像配准方法计算量比较小,效率高。但是,这种方法也受到特征数据集的极大影响。

在图像配准中,空间变换模型一般用单应矩阵 **H**(Homographic matrix)来表示,也称作透视变换矩阵。假设将三维场景中的点都投影到一个空间平面上,则可以用 **H** 保存所有相应物理点的对应关系,可表示如图 6.2 所示。

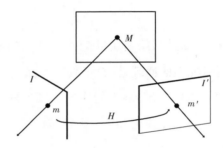

图 6.2　图像间的透视变换矩阵 **H**

要求得透视变换矩阵需要对 **H** 进行参数估计,我们把模型参数估计的过程称为模型评估过程。假设图 6.2 中的两张图像上的数据点 m 和 m' 的坐标分别为 (x,y) 和 (x',y'),那么它们的齐次坐标形式分别记为 (x,y,z) 和 (x',y',z'),则利用透视变换矩阵进行变换的公式如下:

$$\begin{bmatrix} x' \\ y' \\ z' \end{bmatrix} = \begin{bmatrix} H_{11} & H_{12} & H_{13} \\ H_{21} & H_{22} & H_{23} \\ H_{31} & H_{32} & H_{33} \end{bmatrix} \begin{bmatrix} x \\ y \\ z \end{bmatrix} \tag{6.5}$$

设 $x'/z = x, y'/z = y$,那么式(6.5)则可以被简化如下:

$$x' = \frac{H_{11}x + H_{12}y + H_{13}z}{H_{31}x + H_{32}y + H_{33}z} \tag{6.6}$$

$$y' = \frac{H_{21}x + H_{22}y + H_{23}z}{H_{31}x + H_{32}y + H_{33}z} \tag{6.7}$$

令 $z = 1$,则可以得到

$$x'(H_{11}x + H_{12}y + H_{13}) = H_{11}x + H_{12}y + H_{13} \qquad (6.8)$$

$$y'(H_{11}x + H_{12}y + H_{13}) = H_{21}x + H_{22}y + H_{23} \qquad (6.9)$$

如此,可以得到 $a_x^{\mathrm{T}}h = 0, a_y^{\mathrm{T}}h = 0$,其中

$$h = (H_{11}, H_{12}, H_{13}, H_{21}, H_{22}, H_{23}, H_{31}, H_{32}, H_{33}) \qquad (6.10)$$

$$a_x = (-x, -y, -1, 0, 0, 0, x'x, x'y, x')^{\mathrm{T}} \qquad (6.11)$$

$$a_y = (0, 0, 0, -x, -y, -1, y'x, y'y, y')^{\mathrm{T}} \qquad (6.12)$$

假设两张图像的匹配特征点对的数量为 N,则可以构造 $\boldsymbol{Ah} = 0$ 来确定图像彼此之间的点,其中

$$A = \begin{bmatrix} a_x^{\mathrm{T}} \\ a_y^{\mathrm{T}} \\ \vdots \\ a_{xN}^{\mathrm{T}} \\ a_{yN}^{\mathrm{T}} \end{bmatrix} \qquad (6.13)$$

当 $N \geqslant 4$ 时,可以得到矩阵 $\boldsymbol{A}$,并计算出对应的透视变换矩阵 $\boldsymbol{H}$。但是对于一张正常图像来说,只根据 4 个匹配特征点对计算得到的 $\boldsymbol{H}$ 对图像进行变换时,是无法保证配准的精确度。

随机抽样一致性算法 RANSAC(Random Sample Consensus)是一个最常用的变换模型参数估计方法。该方法的核心思想是设计一个目标函数,通过对样本数据进行模型参数估计得到初始参数,再利用初始参数将特征数据集分为内点和外点。其中,内点指的是满足初始参数的数据点,外点是不满足初始参数的点。然后抛弃外点,利用内点集合再次估计模型参数,如此循环迭代得到最终参数。RANSAC 算法的步骤如算法 6.1 所示。

算法 6.1　　RANSAC 算法步骤

算法名称:RANSAC

算法输入:最大迭代次数 N,内点数阈值 In

算法输出:内点集 P_{in}、模型参数 $\hat{\boldsymbol{H}}$

(0)初始化:设置代数 $t=0$。随机抽样初始化模型参数 $\hat{H}(0)$;

(1)终止条件检测:如果达到最大迭代次数,则输出内点集合 $P_{in}(t)$ 和相应的模型参数 $\hat{H}(t)$,否则转下一步;

(2)计算模型参数:根据目标函数随机抽样计算变换模型的参数;

(3)计算内点选择:根据模型参数计算特征数据集的内点集合,如果内点集合中点的数量超过阈值 In,则输出内点集合 $P_{in}(t)$ 和相应的模型参数 $\hat{H}(t)$,否则,设置代数 $t=t+1$ 并转向步骤 1。

6.3　多图配准策略

6.3.1　基于优先权的多图自动配准策略

本小节将介绍基于优先权的多图自动配准策略,如前一章所述,一次性输入多张图片在配准完成后输出一张包含所有输入图像信息的大角度的简单叠加图像,关键在于一个配准顺序,该策略具体来讲:

①选取一张和其他图像相关性最大的图像作为参考;

②计算其与其余图像的特征匹配点对的数量 NOMP;

③对所有的 NOMP 进行升序排列,将得到的结果称为优先表。优先表给出的顺序即为多图配准的图像顺序。

对 NOMP 升序排列的目的是将匹配点对少的图像先配准,防止多次配准之后参考图像发生形变而导致配准失败。

6.3.2 基于最大生成树的多图自动配准策略

本小节将介绍另一种多图配准策略,基于最大生成树的多图配准策略。

最大生成树指的是在一个图的所有生成树中边权值和最大的生成树,基于此,我们可以将图像作为无向图中的顶点,将任意两幅图像间的内点(正确的匹配点对)数作为边。对图像的排序过程可用如下步骤描述:

(1)根据待拼接图像以及图像间的内点数构造无向图,然后创建一棵生成树,对无向图中的边从小到大进行排序;

(2)依次遍历无向图中的边,当边所在的两个顶点不是同一个顶点时,通过查并集的方式将这对顶点以及边加入生成树中;

(3)找到此时生成树中所有的叶节点,并求出除叶节点外所有节点到叶节点的距离(经过的节点数),并保留其中最大的距离;

(4)在所有最大距离中找出最小的那个距离,保留最大距离中的最小距离所在节点,该节点即为中心节点,也就是后续进行图像拼接的基准图像。

找到最大生成树之后,从基准图像开始,通过广度优先搜索得到的序列即为图像的拼接序列。

6.3.3 多图自动配准流程

一般来讲,图像配准流程分为 4 个步骤:

(1)特征提取

采用自动方法检测图像中不变的特征,特征提取需要满足显著性、抗噪性、一致性三个条件。

(2)特征匹配

通过特征描述算子及相似性度量来建立所提取的特征之间的对应关系。特征匹配常用到的区域灰度、特征向量空间分布和特征符号描述等信息。一些配准在进行特征匹配的同时也完成了变换模型参数的估计。

(3)变换模型估计

指根据待配准图像与参考图像之间的几何畸变的情况,选择能最佳拟合两幅图像之间变化的几何变换模型,可以分为全局映射模型和局部映射模型。其中,全局映射模型利用所有控制点信息进行全局参数估计,局部映射模型利用图像局部的特征分别进行局部参数估计。常见的变换模型包括仿射变换、透视变换、多项式变换等,其中最常用的是仿射变换和多项式变换。

(4)坐标变换与插值

将输入图像做对应的参数变换,使它与参考图像处于同一个坐标系下。由于图像变换后的坐标点不一定是整数,因此,需要考虑一定的插值处理操作。常用的插值方法包括:最近邻插值、双线性插值、双三次插值、B 样条插值、高斯插值。

6.4　多图自动拼接系统

基于多目标优化的多图自动拼接系统使用了 C++ 面向对象语言、MFC 可视化窗口和 OpenCV 库,在 Win10 操作系统上使用 Visual Studio 2017 开发实现。通过对几组不同图像进行拼接操作,实现了基于不同特征点提取算法,不同图像融合方法的图像拼接。本书中多图自动拼接系统的实现,可以使用户能够更方便、低成本使用图像拼接技术,得到高分辨率、宽视角的完整图像。

6.4.1　OpenCV 简介

OpenCV(开源计算机视觉库)是一个开源的计算机视觉和机器学习软件库。OpenCV 旨在为计算机视觉应用程序提供通用基础架构,并加速机器感知在商业产品中的使用。作为 BSD 许可的产品,OpenCV 使企业可以轻松地使用和修改代码。

该库拥有 2 500 多种优化算法,其中包括一整套经典和最先进的计算机视觉和机器学习算法。这些算法可用于检测和识别面部、识别对象、对视频中的人类行为进行分类、跟踪摄像机运动、跟踪移动对象、提取对象的 3D 模型、从立体摄像机生成 3D 点云、将图像拼接在一起以生成高分辨率整个场景的图像,从图像数据库中找到相似的图像,从使用闪光灯拍摄的图像中去除红眼,跟踪眼球运动,识别场景并建立标记以将增强其与现实叠加等。OpenCV 拥有超过 47 000 人的用户社区和估计下载量超过 1 800 万。该库被公司、研究团体和政府机构广泛使用。

除了使用该库的谷歌、雅虎、微软、英特尔、IBM、索尼、本田、丰田等知名公司外,还有许多初创公司,如 Applied Minds、VideoSurf 和 Zeitera 都广泛使用 OpenCV。OpenCV 的部署用途涵盖范围从拼接街景图像到以色列监控视频中的入侵检测,在中国监控矿山设备,帮助机器人在 Willow Garage 中导航和捡拾物体,检测欧洲的游泳池溺水事故,在西班牙和纽约,在土耳其检查跑道上是否有碎片,在世界各地的工厂检查产品上的标签,在日本进行快速人脸检测。

OpenCV 具有 C++、Python、Java 和 MATLAB 接口,并支持 Windows、Linux、Android 和 Mac OS。OpenCV 主要倾向于实时视觉应用程序,并在可用时利用 MMX 和 SSE 指令。目前正在积极开发功能齐全的 CUDA 和 OpenCL 接口。有超过 500 种算法和大约 10 倍的函数组成或支持这些算法。OpenCV 是用 C++本地编写的,并具有与 STL 容器无缝协作的模板化界面。

1)OpenCV 起源

OpenCV 缘起于英特尔想要增强 CPU 集群性能的研究。该项目的结果是英特尔启动了许多项目,包括实时光线追踪算法以及三维墙体的显示。其中一位研究员 Gary Bradski(加里·布拉德斯基),当时正在为英特尔工作,他在访问大学的时候注意到很多顶尖大学研究机构,比如 MIT 的媒体实验室,拥有自己开发的非常完备的内部公开的计算机视觉开发接口——代码从一个学生传到另一个学生手中,并且会给每个新来的学生一个有价值的视觉应用方案。相较于从头开始设计并完成基本功能,新来的学生可以在之前的基础上进行很多新的工作。

所以,OpenCV 怀着为计算机视觉提供通用性接口这一思想开始了策划。在英特尔性能实验室(Performance Library)团队的帮助下,OpenCV 最初的核心代码和算法规范是英特尔俄罗斯实验室团队完成的,这就是 OpenCV 的缘起,从英特尔软件性能组的实验研究开始,俄罗斯的专家负责实现和优化。俄罗斯专家团队的负责人是 VadimPisarevsky(瓦迪姆·彼萨里夫斯基),他负责规划、编程以及大部分 OpenCV 的优化工作,并且到现在他仍是很多 OpenCV 项目的核心人物。与他一同工作的 Victor Eruhimov（维克托·伊拉西莫夫）帮助构建了早期框架，Valery Kuriakin（瓦勒利·库里阿基恩）负责管理俄罗斯实验室并且为项目提供了非常大的助力。以下是 OpenCV 想要完成的一些目标：

（1）为高级的视觉研究提供开源并且优化过的基础代码，不再需要重复造轮子；

（2）以提供开发者可以在此基础上进行开发的通用接口为手段传播视觉相关知识，这样代码有更强的可读性和移植性；

（3）以创造可移植的、优化过的免费开源代码来推动基于高级视觉的商业应用。这些代码可以自由使用，不要求商业应用程序开放或免费。

2）OpenCV 主要模块

（1）core 模块：core 模块里面的内容是整个 Opencv 的基础，在学习过程中必须掌握此模块是如何在像素级水平进行图像处理相关的操作。core 包含了各种基本数据类型的定义及 CUDA 相关函数的封装，还有各种矩阵加减乘除等基本操作。

（2）imgproc 模块：Image 和 Processing 这两个单词的缩写组合。图像处理模块，这个模块包含了如下内容：线性和非线性的图像滤波、图像的几何变换、其他（Miscellaneous）图像转换、直方图相关、结构分析和形状描述、运动分析和对象跟踪、特征检测、目标检测等内容。

（3）highgui 模块：这个模块包含可以用来显示图像或者简单输入的用户交互函数。这可以看作一个非常轻量级的 Windows UI 工具包。高层 GUI 图形用户界面，包含媒体的 I／O 输入输出，视频捕捉、图像和视频的编码解码、图形交互界面的接口等内容。

（4）ml 模块：该模块包含大量的机器学习算法，并且这些算法都能和 OpenCV 的数据类型自然交互。包括统计模型（Statistical Models），一般贝叶斯分类器（Normal Bayes Classifier），K-近邻（K-NearestNeighbors），支持向量机（Support Vector Machines），决策树（Decision Trees），提升（Boosting），梯度提高树（Gradient Boosted Trees），随机树（Random Trees），超随机树（Extremely randomized trees），期望最大化（Expectation Maximization），神经网络（Neural Networks），MLData。

（5）feature2d 模块：这个模块包含了很多图像特征提取、匹配的相关算法，是图像模式识别重要的辅助库，包括特征检测和描述，特征检测器（Feature Detectors）通用接口，描述符提取器（Descriptor Extrators）通用接口，描述符匹配器（Descriptor Matchers）通用接口，通用描述符（Generic Descriptor）匹配器通用接口，关键点绘制函数和匹配功能绘制函数。例如 BRIEF 特征描述子，用来对提取的特征进行描述。特征匹配方法使用快速有效的特征匹配方法 cv∷FlannBasedMatcher。其中还包含其他常用的特征，比如 ORB、FAST 等特征。而像 SIFT、SURF 两种特征已经被申请为专利，必须得到许可才可以使用。解压之后的 opencv 默认不包含这些特征，需要通过 cmake 将 opencv_contrib 源文件与 opencv source 文件重新编译一次得到 nonfree. hpp 才可以学习使用。

（6）photo 模块：这个包含计算摄影学的一些函数工具，图像修复、图像去噪。

（7）calib3d 模块：其实就是 Calibration（校准）加 3D 这两个词的组合缩写。这个模块主要是相机校准和三维重建相关的内容。基本的多视角几何算法，单个立体摄像头标定，物体姿态估计，立体相似性算法，3D 信息的重建等。

（8）stitching 模块：图像拼接模块，包含如下部分：拼接流水线、特点寻找和匹配图像、估计旋转、自动校准、图片歪斜、接缝估测、曝光补偿、图片混合。

6.4.2　MFC 简介

MFC 是微软基础类库的简称，是微软公司实现的一个 C++类库，主要封装了大部分的 Windows API 函数，所以在 MFC 中，你可以直接调用 Windows API，同时需要引用对应的头文件或库文件。另外，MFC 除了是一个类库以外，还是一个框架，在 VC++里新建一个 MFC 的工程，开发环境会自动帮你产生许多文件，同时它使用了 mfcxx. dll。xx 是版本，它封装了 MFC 内核，所以在代码里看不到原本的 SDK 编程中的消息循环等东西，因为 MFC 框架已经封装好了，这样就可以专心考虑程序的逻辑，而无须编写重复的东西。但是由于是通用框架，没有最好的针对性，当然也就丧失了一些灵活性和效率，但是 MFC 的封装很浅，所以在灵活性以及效率上损失不大，可以忽略不计。

（1）MFC 特点

MFC 是 WinAPI 与 C++ 的结合。API,即微软提供的 Windows 下应用程序的编程语言接口,是一种软件编程的规范,但不是一种程序开发语言本身,可以允许用户使用各种各样的第三方的编程语言来进行对 Windows 下应用程序的开发,使这些被开发出来的应用程序能在 Windows 下运行,比如 VB、VC++、Java、Delhpi。编程语言函数本质上全部源于 API,因此用它们开发出来的应用程序都能工作在 Windows 的消息机制和绘图里,遵守 Windows 作为一个操作系统的内部实现,这其实也是一种必要。微软如果不提供 API,这个世上对Windows 编程的工作就不会存在,微软的产品就会迅速从时尚变成垃圾。上面说到 MFC 是微软对 API 函数的专用 C++ 封装,这种结合一方面让用户使用微软的专业 C++ SDK 来进行 Windows 下应用程序的开发变得容易,因为 MFC 是对 API 的封装,微软做了大量的工作,隐藏了好多程序开发人员在 Windows 下用 C++ & MFC 编制软件时的大量细节,如应用程序实现消息的处理、设备环境绘图,这种结合是以方便为目的的,必定要付出一定代价,因此就造成了 MFC 对类封装中的一定程度的冗余和迂回,但这是可以接受的。MFC 不只是一个功能单纯的界面开发系统,它提供的类绝大部分用来进行界面开发,关联一个窗口的动作,但它提供的类中有好多类不与一个窗口关联,即类的作用不是一个界面类,不实现对一个窗口对象的控制（如创建、销毁）,而是一些在 Windows（用 MFC 编写的程序绝大部分都在 Windows 中运行）中实现内部处理的类,如数据库的管理类等。

（2）MFC 关键技术

①MFC 程序的初始化过程:建立一个 MFC 窗口只用两步:首先从 CWinApp 派生一个应用程序类,然后建立应用程序对象,就可以产生一个自己需要的窗口。

②MFC 运行时类型识别（RTTI）:运行时类型识别（RTTI）即是程序执行过程中知道某个对象属于某个类,平时用 C++ 编程接触的 RTTI 一般是编译器的RTTI,即是在新版本的 VC++ 编译器里面选用"使能 RTTI",然后载入 typeinfo. h文件,就可以使用 typeid( )运算子,它的功能与 C++ 编程中的 sizeof( )运算子类似。typeid( )关键的功能是可以接受两个类型的参数:一个是类名称,一个是对

象指针。

③MFC 动态创建:动态创建就是运行时创建指定类的对象,在 MFC 中大量使用。如框架窗口对象、视对象,还有文档对象都需要由文档模板类对象来动态地创建。

④MFC 永久保存:MFC 的连续存储(serialize)机制俗称串行化。在你的程序中尽管有着各种各样的数据,serialize 机制会像流水一样按顺序存储到单一的文件中,而又能按顺序地取出,变成各种不同的对象数据。

⑤MFC 消息映射:消息映射与命令传递体现了 MFC 与 SDK 的不同。在 SDK 编程中,没有消息映射的概念,它有明确的回调函数中,通过一个 switch 语句去判断收到了何种消息,然后对这个消息进行处理。所以,在 SDK 编程中,会发送消息和在回调函数中处理消息就差不多可以写 SDK 程序了。在 MFC 中,看上去发送消息和处理消息比 SDK 更简单、直接,但可惜不直观。举个简单的例子,如果我们想自定义一个消息,SDK 是非常简单直观的,用一条语句:SendMessage(hwnd,message,wparam,lparam),之后就可以在回调函数中处理了。但 MFC 就不同了,因为通常不直接去改写窗口的回调函数,所以只能亦步亦趋对照原来的 MFC 代码,把消息放到恰当的地方。

⑥MFC 消息传递:有了消息映射表之后,消息发生以后,其对应的响应函数如何被调用是关键问题。所有的 MFC 窗口,都有一个同样的窗口过程 AfxWndProc()。从 AfxWndProc 函数进去,会遇到一大堆曲折与谜团,因为对于这个庞大的消息映射机制,MFC 要做的事情很多,如优化消息,增强兼容性等,这一大量的工作,有些甚至用汇编语言来完成,对此,很难深究它。所以需要省略大量代码,理性地分析它。

(3)重要 MFC

①CWnd 窗口:它是大多数"看得见的东西"的父类,比如视图 CView、框架窗口 CFrameWnd、工具条 CToolBar(现为 CMFCToolBar)、对话框 CDialog、按钮 CButton 等。一个例外是菜单(CMenu)不是从窗口派生的。

②CDocument 文档:负责内存数据与磁盘的交互。最重要的是 OnOpenDocument (读入),OnSaveDocument(写盘),Serialize(序列化读写)。

③CView 视图:负责内存数据与用户的交互。包括数据的显示、用户操作

的响应(如菜单的选取、鼠标的响应等)。最重要的是 OnDraw(重画窗口),通常用 CWnd∷Invalidate( )来启动它。另外,它通过消息映射表处理菜单、工具条、快捷键和其他用户消息。

④CDC 设备文本:无论是显示器还是打印机,都是画图给用户看。这图就抽象为 CDC。CDC 与其他 GDI(图形设备接口)一起,完成文字和图形、图像的显示工作。把 CDC 想象成一张纸,每个窗口都有一个 CDC 相联系,负责画窗口。CDC 有个常用子类 CClientDC(窗口客户区),画图通常通过 CClientDC 完成。

⑤CDialog 对话框:父类是 CWnd,本质上也是一个窗口,是对话框类的顶层父类。

⑥CWinApp 应用程序类:似于 C 中的 main 函数,是程序执行的入口和管理者,负责程序建立、消灭,主窗口和文档模板的建立。最常用函数InitInstance( )初始化。

⑦CGdiObject 及子类:用于向设备文本画图。它们都需要在使用前选定 DC。

⑧CPen 笔:在 MFC 中画笔是 CPen 类的对象,它用来在 DC 上完成绘制线条的任务。初始时会有默认形态,但是可以根据个人喜好进行程序的编写从而改变其形态。

⑨CBrush 画刷:CBrush 画刷定义了一种位图形式的像素,利用它可对区域内部填充颜色。该类封装了 Windows 的图形设备接口(GDI)刷子。通过该类构造的 CBrush 对象可以传递给任何一个需要画刷的 CDC 成员函数。该画刷可以是实线、阴影线和某种图案。

⑩CFont 字体:控制文字输出的字体。

⑪CBitmap 位图:主要是加载位图资源,或者建立一个空白位图用于存储画面。

⑫CPalette 调色板:调色板在一个应用程序和一个颜色输出设备(比如一个显示设备)之间提供了一个接口。这个接口允许此应用程序充分使用输出设备的颜色处理能力,而不会干涉其他应用程序显示的颜色。

⑬CRgn 区域:指定一块区域可以用于做特殊处理。

⑭CFile 文件:MFC 提供了 CFile 类方便文件的读写。文件的数据读取、数

据写入与文件指针的操作都是以字节为单位的,数据的读取和写入都是从文件指针的位置开始的,当打开一个文件的时候,文件指针总是在文件的开头。

⑮CString 字符串:只要是从事 MFC 开发,基本都会遇到使用 CString 类的场合。因为字符串的使用比较普遍,而 CString 类封装了 C 中的字符数组,提供了对字符串的便捷操作,非常实用。

⑯CPoint 点:类 CPoint 是对 Windows 结构 Point 的封装,凡是能用 Point 结构的地方都可以用 CPoint 代替。结构 Point 表示屏幕上的一个二维点。

⑰CRect 矩形:这个类是从 RECT 结构派生而来的。这意味着 RECT 结构的数据成员(left,top,right,和 bottom)也是 CRect 的可访问数据成员。left 左上角 X 坐标,top 左上角 Y 坐标,right 右下角 X 坐标,bottom 右下角 Y 坐标。一个 CRect 包含用于定义矩形的左上角和右下角点的成员变量。

⑱CSize 大小:类 CSize 是对 Windows 结构 Size 的封装,凡是能用 Size 结构的地方都可以用 CSize 代替。结构 Size 表示一个矩形的长度和宽度。与 CPoint 类似,CSize 也提供了一些重载运算符。如运算符" + "" - "" + = "和" - = ",用于两个 CSize 对象或一个 CSize 对象与一个 CPoint 对象的加减运算,运算符" = = "和"! = "用于比较两个 CSize 对象是否相等。

6.4.3　多图自动配准系统设计与实现

全景图像拼接技术一直是图像处理和计算机视觉领域的研究热点,它能够将一组有重叠区域的图像集拼接成一幅更广视角的图像。国内外的研究学者也一直致力于研究提高配准的精度和速度上,大多数实现的图像拼接都是两幅图像的拼接,对于三幅及以上的拼接研究也有,有的需要手动排序,这种方式在时间上是不利的。

本书针对多幅无序图像进行自动排序问题的解决方案是基于 OpenCV 中关于图像拼接的 stitching 函数改进的,首先可以选择特征点提取方法,分别是 SIFT、SURF 和 ORB,选择其中任意一种方法对待拼接的图像进行特征点提取,然后对于 SIFT 方法采用最近邻算法结合 RANSAC 算法进行特征点对的提纯得到的特征匹配结果图,同时利用 RM-MEDA 算法只使用随机 4 对匹配点得到单应性矩阵优化拼接,得到拼接结果图,极大地优化了匹配所需时间。对于 SURF 和 ORB 算法,两两图像采用最近邻与次近邻的方法对特征点进行匹配,通过得到的匹配点对和正确的匹配点对计算得到两张图匹配的置信度,将置信度高于所设阈值的保存到同一个集合中,该集合中的图像来自同一个全景区域,然后通过最大生成树和广度优先搜索对图像进行自动排序。

(1)图像特征点提取

多图自动拼接系统的可视化界面如图6.3所示,通过 MFC 完成可视化界面的构建,同时为每个按钮事件添加触发函数来实现系统的每个功能。首先,在编辑框中输入要拼接的图像数量,然后点击开始按钮加载图像,如图6.4 所示。

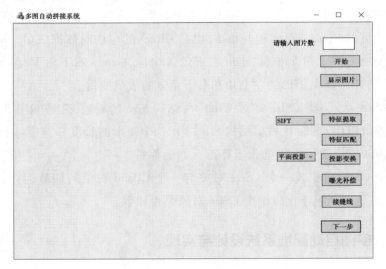

图6.3　开始界面

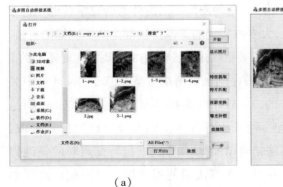

（a）

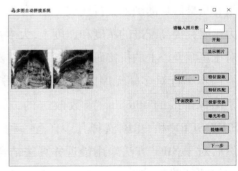

（b）

图6.4　加载图像

通过开始按钮选择待拼接图像,与此同时将用户输入的图像数量载入系统中,以此为后面的程序分配一定的内存空间,用于存储每张图片。点击显示图片按钮,可以将对应图像显示到界面中,该界面可展示多张图片。选取多组不同张数的图像进行测试,分别使用 SIFT、SURF、ORB 来进行图像特征点提取。

SIFT(尺度不变特征转换,Scale Invariant Feature Transform)是非常经典的尺度不变特征检测法,其在空间尺度中寻找极值点,并提取出其位置、尺度和旋转不变量。SIFT 特征是基于一幅图像的局部外观上的关键点,与图像的大小,形状,是否旋转是无关的,而且对于噪声、光线、角度偏转有很大的包容度。正是因为这些特性,使其在识别物体时容易辨认且识别的差错较小,它对于有些遮挡的情况依然表现良好,提取的特征点信息量丰富,对于特征点的定位也是相当精确的,其缺点在于耗时比较长。第一组测试图像选择 2 张图片进行 SIFT 特征提取,同时将得到的特征点图保存下来,图像提取结果如图 6.5 所示,从图中可以看出得到了较好的特征提取结果。

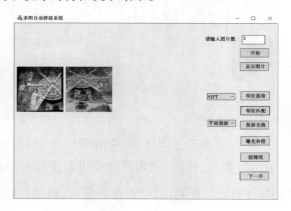

图 6.5　2 图特征提取(SIFT)

第二组测试图像选择 3 张具有形变的图片进行 SIFT 特征提取,同时将得到的特征点图保存下来,图像提取结果如图 6.6 所示。

第三组测试图像选择 4 张具有形变的图片进行 SIFT 特征提取,同时将得到的特征点图保存下来,图像提取结果如图 6.7 所示。

SURF 全称为"加速稳健特征"(Speeded Up Robust Feature),这种算法是在经典的 SIFT 上改进的,SIFT 算法对于图像间的旋转,尺度缩放,亮度变化等都

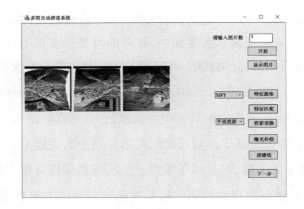

图 6.6　3 图特征提取(SIFT)

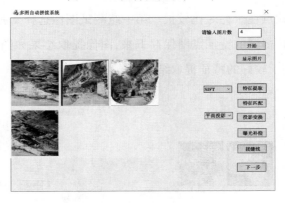

图 6.7　4 图特征提取(SIFT)

可以保持不变,对于仿射变换、噪声、视角的改变也能保持一定程度的稳定性,是一种非常优秀的图像特征匹配算法,但是计算量大,耗时比较长,实时性相对不高。为了解决这个问题,Herbert Lowe 于 2006 年发表了 SURF 算法,这种算法与 SIFT 相比,速度提高了好几倍,改进了特征和描述方式,是一种更加高效的特征提取算法。测试图像选择 3 张具有形变的图片进行 SURF 特征提取,同时将得到的特征点图保存下来,图像提取结果如图 6.8 所示。

ORB 是 Oriented Fast and Rotated Brief 的简称,可以用来对图像中的关键点快速创建特征向量,这些特征向量可以用来识别图像中的对象。其中,Fast 和 Brief 分别是特征检测算法和向量创建算法。ORB 首先会从图像中查找特殊区

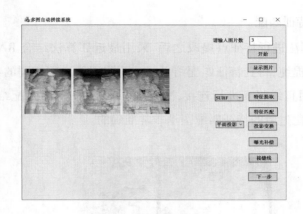

图 6.8　3 图特征提取(SURF)

域,称为关键点。关键点即图像中突出的小区域,比如角点,比如它们具有像素
值急剧地从浅色变为深色的特征。然后 ORB 会为每个关键点计算相应的特征
向量。ORB 算法创建的特征向量只包含 1 和 0,称为二元特征向量。1 和 0 的
顺序会根据特定关键点和其周围的像素区域而变化。该向量表示关键点周围
的强度模式,因此多个特征向量可以用来识别更大的区域,甚至图像中的特定
对象。ORB 的特点是速度超快,而且在一定程度上不受噪点和图像变换的影
响,例如旋转和缩放变换等。测试图像选择 3 张具有形变的图片进行 ORB 特征
提取,同时将得到的特征点图保存下来,图像提取结果如图 6.9 所示。

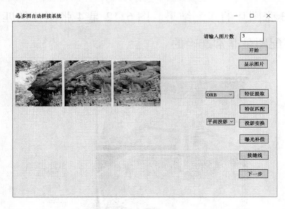

图 6.9　3 图特征提取(ORB)

（2）图像特征匹配

用 SIFT 算法进行特征点提取之后，采用最近邻算法结合 RANSAC 算法进行特征点对的提纯，得到特征匹配结果图。两张图像之间相同的特征点构成一对匹配点对，用直线将其进行连接，图 6.10 是 2 张图片的匹配结果，从图中可以看到经过优化过后的特征匹配图是非常准确的。

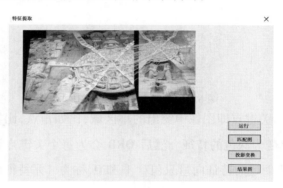

图 6.10　2 图特征匹配（SIFT）

多图自动拼接系统将两图拼接的 SIFT 算法进行了改进，在该系统上可使用 SIFT 对多张图片进行拼接，同时由于基本的 SIFT 算法对于输入图片的顺序有要求，即进行拼接的两图左右图输入顺序固定，这样对于多图拼接来说是很不利的，因此该系统增加了判断条件，自动判断左右图顺序，使输入顺序不再受限。图 6.11 是 3 张图片的匹配结果。图 6.12 是 4 张图片的匹配结果，从图中可以看到特征匹配图是非常准确的。

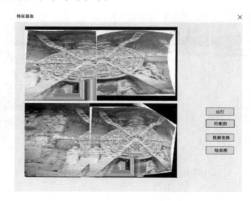

图 6.11　3 图特征匹配（SIFT）

图 6.12　4 图特征匹配(SIFT)

　　采用最近邻算法结合 RANSAC 算法进行特征点对的提纯得到的特征匹配
结果图,对于同一组图像,SURF 得到的特征点比 SIFT 更多,因此得到的匹配点
对也相应比 SIFT 得到的匹配点对多。对于 SURF 和 ORB 算法进行特征匹配
时,得到的配准图直接保存到文件,图 6.13 是用 SURF 算法得到的 2 张图片的
配准图,图 6.14 是用 SURF 算法得到的 3 张图片的配准图。

图 6.13　2 图特征匹配(SURF)

（a）　　　　　　　　　　　　（b）

图 6.14　3 图特征匹配（SURF）

　　使用最近邻算法结合 RANSAC 算法得到的特征匹配实现结果图,由于采用
ORB 算法得到的特征点数要比 SURF 得到的特征点数要少,所以经过提纯后得
到的匹配点对也要少一些。图 6.15 是采用 ORB 算法得到的 2 张图片的配准
图,图 6.16 是采用 ORB 算法得到的 3 张图片的配准图。

图 6.15　2 图特征匹配（ORB）

图 6.16　3 图特征匹配（ORB）图像投影变换

（3）图像投影变换

在得到足够多的匹配点对之后，需要将这两个图像转换到同一个坐标下，通过单应性变换可以对空间中相同平面的两个图像进行关联，因此需要计算单应矩阵 **H**，主要通过 findHomography 函数来求得 **H**，最后对图像进行投影映射。

对于采用 SIFT 算法进行图像拼接，再特征提取过后，该系统采用了 RM-MEDA 算法，由于计算单应矩阵至少需要 4 对匹配点，因此对得到的特征匹配点进行筛选，随机选择 4 对匹配点，将这 4 对匹配点作为 RM-MEDA 算法的初始种群，然后进行迭代优化，采用最少的匹配点对图像进行拼接，提高拼接效率。图 6.17 是 2 张图片拼接时的透视矩阵变换图，图 6.18 是 3 张图片拼接时的透视矩阵变换图。图 6.19 是 4 张图片拼接时的透视矩阵变换图。

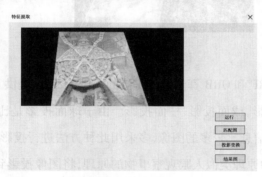

图 6.17　2 图投影结果

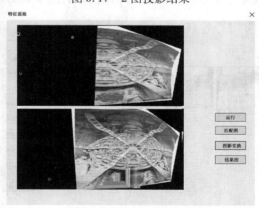

图 6.18　3 图投影结果

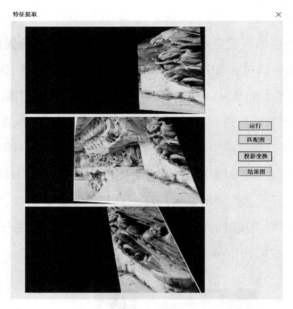

图 6.19　4 图投影结果

对于采用 SURF 和 ORB 算法进行拼接的图像,该系统提供了 3 种投影变换方法,分别是平面投影、球面投影、柱面投影。由于球面投影是比较自然的投影模型,因此对于特征信息比较多的图像,多采用此种方法进行投影,对图像进行球面投影。球面投影的原理类似人眼观察事物的原理,将图像投影到以一点为中心的球面上,这种投影模型是最自然的模型。球面投影的结果如图 6.20 所示。

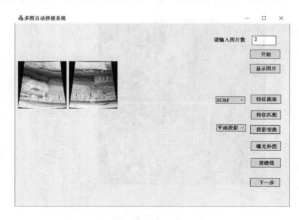

图 6.20　球面投影

对图像进行柱面投影,柱面投影指的是将待拼接的图像集投影到一个以相机焦距为半径的柱面上,在柱面上进行全景图的投影拼接,结果如图 6.21 所示。

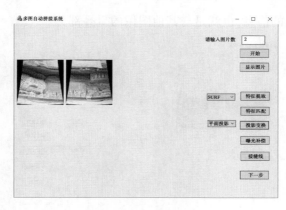

图 6.21 柱面投影

(4)图像曝光和图像接缝线处理

对采用 SURF 和 ORB 算法进行拼接的图像先对图像进行曝光处理,由于对图像进行投影后,图像的边缘信息丢失,进行曝光补偿时会将其周围的像素作为补充,如图 6.22 所示。从图中可以看出,对图像进行曝光操作后,图像边缘的黑边被周围的像素补充。

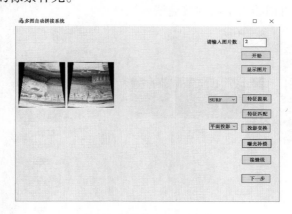

图 6.22 曝光补偿

对图像进行曝光补偿之后进行接缝线处理,得到的图像如图 6.23 所示。对图像进行接缝线处理可以避免图像的模糊和伪像。最后进行图像融合就是将每幅图像接缝线内部的信息拼接到一起。在接缝线外面的图像信息就是在其他图像中存在的信息,也就是与其他图像的重叠部分。

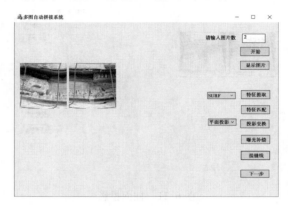

图 6.23 2 图拼接接缝线

从图 6.24 可以看到三张图像的边缘有堆成的痕迹,接缝线是重叠部分最相似像素的连线,从图中可以发现,中间图像的左侧接缝线与左边图像的右侧接缝线形状一致,可以判断出在进行图像融合时,就是将中间图像接缝线所围区域与右边图像接缝线所围区域进行融合。

需要注意的是,接缝线还与选择不同的特征提取方法、不同的投影模型有关,不同的组合可描绘出不同的接缝线。

图 6.24 3 图拼接接缝线

（5）图像融合

对于使用 SIFT 算法进行图像拼接来说，直接将左图拷贝到配准图上的做法，使得两图的拼接并不自然，原因就在于拼接图的交界处，两图因为光照色泽的原因使得两图交界处的过渡很糟糕，所以需要特定的处理来解决这种不自然。这里的处理思路是加权融合，重叠部分由前一幅图像慢慢过渡到第二幅图像，即将图像的重叠区域的像素值按一定的权值相加合成新的图像。首先将右图经变换矩阵 H 变换到一个新图像中，然后图像的融合过程将目标图像分为 3 部分，最左边完全取自 img1 中的数据，中间的重合部分是两幅图像的加权平均，重合区域右边的部分完全取自 img2 经变换后的图像。图像融合结果如图 6.25 ~ 图 6.27 所示。

图 6.25　2 图拼接

图 6.26　3 图拼接

图 6.27　4 图拼接

对于 SURF 和 ORB 两种方法来说,主要使用了多频段融合和加权融合两种图像融合方法。针对不同的图像,可以选择不同的融合方式。一般来讲,加权融合的拼接效果还是比较自然,而对于图像间光照差异较大的情况,加权融合的结果会显示出一点缺陷。而多频段融合在目前所测试的图像中表现非常好,融合的边界处非常自然连贯。

由于多频段融合需要构建拉普拉斯金字塔,这样使每个频段的信息都得以保留,因此这种方法融合后的图像非常自然,如图 6.28 所示的对 3 图拼接进行多频段融合后的效果图。融合后得到的效果图几乎可以认为是直接拍摄的全景图,由此看来,多频段融合在对多张图像进行拼接时的效果非常好。

图 6.28　多频段融合结果

从图 6.29 可以明显看出,加权融合得到的图像在两幅图像的接缝边界处有明显的过渡痕迹,而多频段融合就很好地解决了这一问题。

图 6.29　加权融合结果

6.5　本章小结

　　本章研究了基于特征的图像拼接算法,在对多图进行拼接时,主要采用了经典的 SIFT、SURF 算法和 ORB 算法,对 SIFT 算法采用了改进策略,让其可以自动判断左右图,且实现了只选取 4 对特征点进行图像拼接以及多张图片的拼接,提高了拼接效率。通过 SURF 和 ORB 算法进行特征提取,其中 ORB 算法得到的特征点比 SURF 提取的特征点少,不过在第一次进行特征点提取时,总体上来说特征点还是很多的,通过次近邻最近邻算法进行特征点匹配,并且通过RANSAC 算法对得到的特征点对进行提纯,以便减少后面计算量。本章还详细介绍了多图自动拼接系统,并测试了多组图像集,对不同的组合进行了验证,图像拼接主要包括特征提取,特征匹配,图像配准以及图像融合等步骤,从测试的实验结果来看,最后得到的拼接图像还是比较完整和自然的。

7 总结与展望

7.1 主要结论

本书主要以多目标优化问题作为研究对象,以多目标分布估计算法作为研究工具,以大足石刻图像配准作为算法应用,从算法改进、模型构造和算法应用 3 个方面进行了研究。本书工作的主要成果如下:

(1)提出了一种基于规则模型的无聚类多目标分布估计算法 FRM-MEDA

通过对基于规则模型的多目标分布估计算法 RM-MEDA 进行深入分析,发现 RM-MEDA 中的聚类操作对算法的性能有着重大影响,具体表现为不同聚类类别数 K 的设置会导致算法性能变化明显。实际中,用 RM-MEDA 求解多目标优化问题时,K 的设置可能出现 3 种情形,即 K 刚好符合实际情况、K 大于实际情况和 K 小于实际情况。第一种情形下算法性能最佳;第二种情形下,K 大于实际情况时会出现冗余模型,Wang 等提出了去冗余算子对该情形下出现问题的处理;第三种情形下,K 小于实际情况时,由于类别数太少,RM-MEDA 建立的模型可能是完全错误的,或者是不准确的,从而使 RM-MEDA 无法求解多目标优化问题。这种情形下算法出现的问题是致命的,且尚未有研究者提出解决策略。因此,针对该情形,提出了一个无聚类的 RM-MEDA 算法 FRM-MEDA。在 FRM-MEDA 中,去掉了原算法的聚类步骤,直接将种群类别数设置为 1。这样处理之后,算法很难保持种群多样性。故在去聚类的算法中引入了具有很强多样性保持性能的全变量高斯模型 FGM 来刻画种群分布。实验表明，FRM-MEDA 算法明显优于 RM-MEDA 在 $K = 1$ 时的性能；当 K 等于平均类别数时，FRM-MEDA 也能取得与其相当的性能。提出的算法很好地解决了类别数 K 小于实际情况时 RM-MEDA 算法产生的问题，并且，这种混合模型的策略也为我们为 EDA 构造新型概率模型提供了新思路。

（2）构造了一个基于人类社会模式发展进程的社会变革模型 SR

通过系统地分析人类社会模式的发展过程，发现人类社会模式的发展与进化算法的进化过程有相似之处。人类社会模式在发展过程中，充分地利用了当前社会模式下的个人、团体和社群的相互关系，增强了个体在种群进化过程中的作用。利用人类社会模式发展的这个特性，并结合第 3 章的混合模型策略，提出了社会变革模型 SR。在 SR = {(IM,FCM),CF} 中，独立模型 IM 负责引导种群逼近最优 Pareto 解集；全联合模型 FCM 负责维护种群的多样性分布；而催化因子 CF 则用来催化当前种群中的个体，使它们向当前模式下的主流进化方向靠拢，从而提高算法的收敛速度。这样，通过利用混合模型中不同模型的不同功能来最优化算法性能。然后，基于社会变革模型，提出了一个具有"通用目的"的多目标优化框架，该框架通过 SR 打破了传统 EDA 的闭合结构。在这个基于 SR 的多目标优化框架下，可以将具有"通用目的"的框架实例化为多个不同形式、不同性能和适应于不同多目标优化问题的带有"具体目的"的多目标分布估计算法。本书在该框架下实例化了两个用于求解不同测试函数的多目标分布估计算法 SR-MEDA-VL 和 SR-MEDA-ZDT。SR-MEDA-VL 用于求解具有变量连接的测试函数，SR-MEDA-ZDT 用于求解 ZDT 标准测试集。实验证明，提出的算法 SR-MEDA-VL 和 SR-MEDA-ZDT 在求解各自测试函数时在收敛速度、收敛质量和多样性保持上都表现出很好的性能，这表明基于 SR 的多目标优化框架是可行的、适应性强的。

（3）提出了一个基于多目标优化的图像配准方法 MO-IRM

通过分析现有图像配准算法的变换模型 H 的评估过程可知，图像变换模型

H 的参数评估过程受到特征数据集的严重影响,且图像尺寸越大,影响越明显。而采用传统的最优化方法评估得到的图像变换模型 H 很难在精确性、鲁棒性和耗时上同时取得不错的性能。基于此,将图像变换模型 H 的准确性和鲁棒性作为多目标优化模型的目标,将图像配准的模型评估过程建模为双目标优化问题,并采用多目标分布估计算法对建立的模型进行求解,从而提出基于多目标优化的图像配准方法 MO-IRM,再将 MO-IRM 应用于大足石刻图像配准中,并结合实际应用的需求设计了多图配准方案。实验表明,无论在两两配准还是多图配准中,MO-IRM 都能在模型的精确性和鲁棒性上取得很好的性能。并且,MO-IRM 的速度很快,随着输入图像尺寸的增加,MO-IRM 的耗时曲线并无明显变化,这使得 MO-IRM 具有很高的实用价值。

(4)设计并实现了多图自动拼接系统

为了理论联系实际,本书使用了 C++ 面向对象语言、MFC 可视化窗口和 OpenCV 库,在 Win10 操作系统上使用 Visual Studio 2017 开发并实现了基于多目标优化的多图自动拼接系统。该系统将特征提取方法、特征匹配方法、投影变换方法和图像融合方法等图像配准与拼接过程中涉及的多个阶段和多种方法集成在系统上,使用者可以根据实际需要选择具体的组合策略实现多图自动拼接。该系统已获得软件著作权授权,软件名称为"多图自动拼接系统 V1.0",登记号为 2021SR0155973。

7.2　后续工作展望

多目标优化问题的求解和分布估计算法的研究都具有非常重要的学术意义和实用价值。本书在前人的基础上,进行了一些有益的探索和研究,取得了一定的拓展和创新。但由于作者学识有限,文中难免存在一些不足之处,需要进一步充实和深入。总结个人的研究体会,在今后将从如下几个方面展开进一步的研究。

（1）多目标优化问题的求解

在本书中，提出的算法求解的多目标优化问题都是低维的。而在多目标进化计算领域，高维多目标优化问题的求解是目前的主流方向。在高维目标空间，需要计算更多的决策变量维度、搜索更多的 Pareto 最优解才能尽可能地近似 Pareto 前沿，因此在求解高维多目标优化问题时算法的计算复杂性将极大地提高。同时，基于 Pareto 支配关系的排序算法在高维目标空间中会获得大量的非支配解，从而失去择优功能。另外，在高维空间中，解的多样性保持也更加困难。再加上基于 EDA 的多目标优化算法的建模本身就有一定的复杂性。因此，对于求解高维的多目标优化问题的多目标分布估计算法研究将是下一步工作的内容之一，也是重点和难点。

（2）多目标分布估计算法的改进研究

目前，EDA 研究者们虽然提出了许多具有各种性能的优秀多目标分布估计算法，但在求解某些测试优化问题和具体优化问题时仍然面临着巨大的挑战。并且，绝大多数的多目标分布估计算法都是用来求解低维多目标优化问题的，在求解高维多目标优化问题时，这些算法都将遇到瓶颈。因此，对于优秀的多目标分布估计算法的改进研究仍然是下一步研究工作的重点。

（3）社会变革模型的设计研究

目前根据人类社会模式进化理论构建的社会变革模型 SR 虽然可以取得不错的性能，但是 SR 的设计还比较粗糙。而且设计的催化因子 CF 也非常简单。从实验的结果可以看出，基于 SR 的多目标优化框架下实例化的算法还是有很多不足之处。因此，可以对社会变革模型进行更深入的分析，以设计出更多、更有效、符合实际应用的 SR 模型和催化因子 CF。

（4）基于 SR 的多目标分布估计算法的应用研究

基于多目标优化的图像配准方法 MO-IRM 中，特征数据集对多目标 EDA 算法的影响并不大，特征数据集的主要作用是初始化种群。由于特征数据集的获取很费时间，从而影响算法的效率。因此，去掉传统特征集获取方式，采用更简便的方式来获取图像特征数据集也是后续研究工作之一。由于基于 SR 的多目标分布估计算法结构简单,易于编码实现,并且具有很优秀的性能,因此可以被广泛应用到各个领域。而在科学研究和工程应用中,还有大量的多目标优化问题值得研究,故基于 SR 的多目标分布估计算法的应用前景仍然很美好。并且,在大足石刻图像的其他处理上,也可以构建多目标优化模型,从而应用基于 SR 的多目标分布估计算法来求解。

附录　缩略语对照表

缩略语	英文全称	中文全称
MOPs	Multi-objective Optimization Problems	多目标优化问题
EDAs	Estimation of Distribution Algorithms	分布估计算法
MEDA	Multi-objective Estimation of Distribution Algorithm	多目标分布估计算法
PS	Pareto Set	Pareto 解集
PF	Pareto Front	Pareto 前沿
GD	Generation Distance	世代距离
HV	Hyper-Volume	超体积
H	Homographic matrix	单应矩阵/透视变换矩阵
RANSAC	Random Sample Consensus	随机抽样一致性算法
RM-MEDA	Regularity Model-Based Multiobjective EDA	基于规则模型的多目标分布估计算法
FGM	Full variable Guassian Model	全变量高斯模型
FRM-MEDA	FGM-based Multi-objective EDA	基于规则模型的无聚类多目标分布估计算法
AVE_K	Average value of K	聚类数 K 的平均值

续表

缩略语	英文全称	中文全称
FES	Number of Function Evaluations	函数评价次数
AR	Acceleration Rate	加速率
SR	Social Reform model	社会变革模型
IM	Independent Model	独立模型
FCM	Full Correlation Model	全联合模型
CF	Catalytic Factor	催化因子
GMM	Guassian Mixture Model	混合高斯模型
UGM	Univariate Guassian Model	单变量高斯模型
SR-MEDA-VL	SR-based Multi-objective EDA for solving MOPs with Variable Linkage	用于求解具有变量连接测试函数的基于社会变革模型的多目标分布估计算法
SR-MEDA-ZDT	SR-based Multi-objective EDA for solving ZDTtest instances	用于求解 ZDT 标准测试集的基于社会变革模型的多目标分布估计算法
MO-IRM	Multi-objective Optimization-based Image Registration Method	基于多目标优化的图像配准方法
SIFT	Scale-Invariant Feature Transform	尺度不变特征变换
NOMP	Number of Matching Point-pair	匹配特征点对数量

参考文献

［1］Deb K. Multi-Objective Optimization［M］//Burke E, Kendall G. Search Methodologies. Boston, MA：Springer US, 2006：273-316.

［2］Geng H T, Song Q X, Wu T T, et al. A multi-objective constrained optimization algorithm based on infeasible individual stochastic binary-modification［C］// 2009 IEEE International Conference on Intelligent Computing & Intelligent Systems. IEEE, 2009：89-93.

［3］武燕. 分布估计算法研究及在动态优化问题中的应用［D］. 西安：西安电子科技大学, 2009.

［4］李厚甫. 基于博弈策略的多目标进化算法研究［D］. 长沙：湖南大学, 2011.

［5］Coello C A C. Evolutionary multi-objective optimization：a historical view of the field［J］. IEEE Computational Intelligence Magazine, 2006, 1（1）：28-36.

［6］Marler R T, Arora J S. Survey of multi-objective optimization methods for engineering［J］. Structural & Multidisciplinary Optimization, 2004, 26（6）：369-395.

［7］李絮. 多宇宙并行量子多目标进化算法及其应用研究［D］. 长沙：湖南大学, 2009.

［8］杨咚咚. 基于人工免疫系统的多目标优化与 SAR 图像分割［D］. 西安：西安电子科技大学, 2011.

[9]周树德,孙增圻. 分布估计算法综述[J]. 自动化学报, 2007, 33(2): 113-124.

[10]钟润添. 分布估计算法及其应用研究[D]. 合肥:中国科学技术大学, 2006.

[11]Dai G, Wang J, Zhu J. A hybrid multi-objective algorithm using genetic and estimation of distribution based on design of Experiments[C]// 2009 IEEE International Conference on Intelligent Computing & Intelligent Systems. IEEE, 2009:284-288.

[12]王圣尧,王凌,方晨,等. 分布估计算法研究进展[J]. 控制与决策, 2012, 27(7):961-966.

[13]Horn J, Nafpliotis N, Goldberg D E. A Niched Pareto Genetic Algorithm for Multiobjective Optimization[M]. Piscataway: IEEE press, 1994:82-87.

[14]Gupta A, Ong Y S, Kelly P A, et al. Pareto rank learning for multi-objective bi-level optimization: A study in composites manufacturing[C]// 2016 IEEE Congress on Evolutionary Computation. IEEE, 2016:1940-1947.

[15]Farina M, Deb K, Amato P. Dynamic multiobjective optimization problems: test cases, approximations, and applications [J]. IEEE Transactions on Evolutionary computation, 2004, 8(5):425-442.

[16]Deb K, Thiele L, Laumanns M, et al. Scalable multi-objective optimization test problems [C] // Proceedings of the 2002 Congress on Evolutionary Computation. IEEE, 2002:825-830.

[17]Deb K. Multi-objective Optimisation Using Evolutionary Algorithms: An Introduction[M]. New Jersey: John Wiley & Sons Inc., 2001:410-487.

[18]Fang C, Wang L, Xu Y. An estimation of distribution algorithm for resource-constrained project scheduling problem [C]// 2010 Chinese Control and Decision Conference. IEEE, 2010:265-270.

[19] Coello C A C, Lamont G B, Veldhuizen D A V. Evolutionary Algorithms for Solving Multi-Objective Problems[J]. Springer New York, 2002, 5:576.

[20] Larrañaga P, Lozano J A. Estimation of Distribution Algorithms[M]. New York: Springer US, 2002:1140-1148.

[21] Coello C A C, Pulido G T. A Micro-Genetic Algorithm for Multiobjective Optimization [C]// Evolutionary Multi-Criterion Optimization, First International Conference, EMO 2001, Zurich, Switzerland, March 7-9, 2001, Proceedings. Springer-Verlag, 2001:126-140.

[22] Echegoyen C, Mendiburu A, Santana R, et al. Estimation of Bayesian networks algorithms in a class of complex networks[C]// IEEE Congress on Evolutionary Computation, 2010:1-8.

[23] Shim V A, Tan K C, Chia J Y, et al. Evolutionary algorithms for solving multi-objective travelling salesman problem [J]. Flexible Services & Manufacturing Journal, 2011, 23(2): 207-241.

[24] Michalak K. Sim-EDA: A Multipopulation Estimation of Distribution Algorithm Based on Problem Similarity[M]. Cham: Springer, 2016.

[25] Mohagheghi E, Akbarzadeh-T M R. Multi-objective Estimation of Distribution Algorithm based on Voronoi and local search[C]// 2016 6th International Conference on Computer and Knowledge Engineering (ICCKE). IEEE, 2017: 54-59.

[26] 雷德明, 严新平. 多目标智能优化算法及其应用[M]. 北京:科学出版社, 2009.

[27] Schaffer J D. Multiple Objective Optimization with Vector Evaluated Genetic Algorithms[C] // First International Conference on Genetic Algorithms & Their Applications. Lawrence Erlbaum Associates Inc. Publishers, 1985.

[28] Fonseca C M, Fleming P J. Genetic Algorithms for Multiobjective

Optimization: FormulationDiscussion and Generalization [C] // Proceedings of the 5th International Conference on Genetic Algorithms, Urbana-Champaign, IL, USA, June 1993. Morgan Kaufmann, 1993:416-423.

[29] Zitzler E, Thiele L. Multiobjective evolutionary algorithms: a comparative case study and the strength Pareto approach [J]. IEEE Transactions on Evolutionary Computation, 1999, 3(4):257-271.

[30] Zitzler E, Laumanns M, Thiele L. SPEA2: Improving the Strength Pareto Evolutionary Algorithm [J]. Technical Report Gloriastrasse, 2001, 103.

[31] Knowles J D, Corne D W. Approximating the Nondominated Front Using the Pareto Archived Evolution Strategy [J]. Evolutionary Computation, 2000, 8(2):149-172.

[32] Corne D W, Knowles J D, Oates M J. The Pareto Envelope-Based Selection Algorithm for Multiobjective Optimization [M]. Berlin: Springer Berlin Heidelberg, 2000.

[33] Corne D W, Jerram N R, Knowles J D, et al. PESA-II: region-based selection in evolutionary multiobjective optimization [C] // Proceedings of the Genetic and Evolutionary Computation Conference (GECCO2001). New York: ACM, 2001:283-290.

[34] Erickson M, Mayer A, Horn J. The Niched Pareto Genetic Algorithm 2 Applied to the Design of Groundwater Remediation Systems [M] // Lecture Notes in Computer Science. Berlin, Heidelberg: Springer Berlin Heidelberg, 2001, 1993:681-695.

[35] Deb K. A fast elitist multi-objective genetic algorithm: NSGA-II [J]. IEEE Transactions on Evolutionary Computation, 2002, 6(2):182-197.

[36] Mühlenbein H, Paaβ G. From recombination of genes to the estimation of distributions I. Binary parameters [M]. Berlin: Springer Berlin Heidelberg,

1996:178-187.

[37] Laumanns M, Thiele L, Deb K, et al. Combining convergence and diversity in evolutionary multi-objective optimization[J]. Evolutionary Computation, 2002, 10(3):263-282.

[38] 郭天天. 嵌入式系统软硬件划分技术研究[D]. 长沙:国防科学技术大学, 2006.

[39] Larrañaga P, Lozano J A. Estimation of Distribution Algorithms: A New Tool for Evolutionary Computation [M]. Boston: Kluwer Academic Publishers, 2002.

[40] Folly K A, Sheetekela S P. Application of a simple Estimation of Distribution Algorithm to power system controller design [C]// 45th International Universities Power Engineering Conference (UPEC2010). IEEE, 2010: 1-6.

[41] Larrañaga P, Lozano J A. Towards a new evolutionary computation. Advances on estimation of distribution algorithms [J]. Studies in Fuzziness & Soft Computing, 2006, 192(1): 1982-1987.

[42] Baluja S. Population-Based Incremental Learning. A Method for Integrating Genetic Search Based Function Optimization and Competitive Learning[J]. Technical Report, Carnegie Mellon University, 1994,163:41.

[43] Baluja S, Davies S. Using Optimal Dependency-Trees for Combinatorial Optimization: Learning the Structure of the Search Space[C]// Proceedings of the 14th International Conference on Machine Learning. 1997,107.

[44] Hohfeld M, Rudolph G. Towards a Theory of Population-Based Incremental Learning[C]// Proceedings of the 4th International Conference on Evolutionary Computation. 1997:1-5.

[45] Sebag M, Ducoulombier A. Extending Population-Based Incremental Learning to Continuous Search Spaces [C]// Proceedings of the 5th International

Conference on Parallel Problem Solving from Nature. New York: ACM, 1998: 418-427.

[46] Zhang Q, Mühlenbein H. On the convergence of a class of estimation of distribution algorithms [J]. IEEE Transactions on Evolutionary Computation, 2004, 8(2):127-136.

[47] Bashir S, Naeem M, Khan A A, et al. An application of univariate marginal distribution algorithm in MIMO communication systems [J]. International Journal of Communication Systems, 2010, 23(1):109-124.

[48] Harik G R, Lobo F G, Goldberg D E. The compact genetic algorithm [J]. IEEE Transactions on Evolutionary Computation, 2002, 3(4):287-297.

[49] Bonet J S D, Viola P. MIMIC: finding optima by estimating probability densities [C] // Advances in Neural Information Processing Systems 9, NIPS, Denver, CO, USA, December 2-5, 1996. MIT Press, 1996:424-430.

[50] Pelikan M, Müehlenbein H. Marginal Distributions in Evolutionary Algorithms [A]. 1998:90-95.

[51] Pelikan M, Müehlenbein H. The Bivariate Marginal Distribution Algorithm [M]. London: Springer, 1999:521-535.

[52] Carpentieri M. A Bivariate Marginal Distribution Genetic Model [C] // IEEE Congress on Evolutionary Computation. IEEE, 2006:312-318.

[53] Schwarz J, Jaros J. Parallel Bivariate Marginal Distribution Algorithm with Probability Model Migration [M] // Chen Y, Lim M. Linkage in Evolutionary Computation. Berlin, Heidelberg: Springer, 2008:3-23.

[54] Lin Z, Wang L, Li J. Bivariate marginal distribution algorithm with hybrid sampling mechanism [J]. Journal of Computational Information Systems, 2013, 9(15):6219-6226.

[55] Gao S, Silva C W D. A univariate marginal distribution algorithm based on

extreme elitism and its application to the robotic inverse displacement problem [J]. Genetic Programming & Evolvable Machines, 2017, 18(3):283-312.

[56] Krejca M S, Witt C. Lower Bounds on the Run Time of the Univariate Marginal Distribution Algorithm on OneMax[J]. Theoretical Computer Science, 2020, 832:143-165.

[57] Ochoa A, Müehlenbein H, Soto M. A Factorized Distribution Algorithm Using Single Connected Bayesian Networks[J]. Lecture Notes in Computer Science, 2000, 1917:787-796.

[58] Sun J, Zhang Q, Yao X. Meta-Heuristic Combining Prior Online and Offline Information for the Quadratic Assignment Problem[J]. IEEE Transactions on Cybernetics, 2014, 44(3):429-444.

[59] Santana R. Gray-box optimization and factorized distribution algorithms: where two worlds collide[EB/OL]. 2017: arXiv: 1707. 03093. https://arxiv. org/abs/1707. 03093.

[60] Pelikan M, Goldberg D E. BOA: the Bayesian optimization algorithm[C]// Proc Genetic & Evolutionary Computation Conference. 1999:525-532.

[61] Pelikan M, Sastry K, Goldberg D E. Scalability of the Bayesian optimization algorithm[J]. International Journal of Approximate Reasoning, 2002, 31(3): 221-258.

[62] Fleming P J, Purshouse R C, Lygoe R J. Many-Objective Optimization: An Engineering Design Perspective [C]// Proceedings of the International Conference on Evolutionary Multi-Criterion Optimization. Berlin, Heidelberg: Springer, 2005:14-32.

[63] Janikow C, Hauschild M. Automatic generation of domain-specific genetic algorithm operators using the hierarchical bayesian optimization algorithm [C]// Proceedings of the Genetic and Evolutionary Computation Conference.

New York：ACM, 2017：801-808.

[64] Kaedi M, Chang W A. Robust Optimization Using Bayesian Optimization Algorithm：Early Detection of Non-robust Solutions [J]. Applied Soft Computing, 2017, 61：1125-1138.

[65] Pelikan M. Bayesian Optimization Algorithm [M]//Hierarchical Bayesian Optimization Algorithm. Berlin, Heidelberg：Springer, 2005：31-48.

[66] Sastry K, Goldberg D E. On Extended Compact Genetic Algorithm [C]// Gecco-2000, Late Breaking Papers, Genetic and Evolutionary Computation Conference. 2000：482-488.

[67] Ha B V, Mussetta M, Pirinoli P, et al. Modified Compact Genetic Algorithm for Thinned Array Synthesis [J]. IEEE Antennas & Wireless Propagation Letters, 2016, 15：1105-1108.

[68] Friedrich T, Kötzing T, Krejca M S, et al. The Compact Genetic Algorithm is Efficient Under Extreme Gaussian Noise [J]. IEEE Transactions on Evolutionary Computation, 2016, 21(3)：477-490.

[69] Handa H, Katai O. Estimation of Bayesian network algorithm with GA searching for better network structure [C] // International Conference on Neural Networks and Signal Processing, 2003. Proceedings of the 2003. IEEE, 2004：436-439.

[70] Laumanns M, Ocenasek J. Bayesian Optimization Algorithms for Multi-objective Optimization [C]// International Conference on Parallel Problem Solving From Nature. New York：ACM, 2002：298-307.

[71] Peng X, Xu C, Peng X, et al. The Constuctions of Almost Binary Sequence Pairs with Three-level Correlation Based on Cyclotomy [J]. 电子科学学刊（英文版）, 2012, 29(1)：9-16.

[72] Strickler A, Castro O, Pozo A, et al. Investigating Selection Strategies in

Multi-objective Probabilistic Model Based Algorithms ［C］// Intelligent Systems. IEEE, 2017:7-12.

［73］Nakao M, Hiroyasu T, Miki M, et al. Real-coded Estimation of Distribution Algorithm by Using Probabilistic Models with Multiple Learning Rates［J］. Procedia Computer Science, 2011, 4:1244-1251.

［74］Sebag M, Ducoulombier A. Extending population-based incremental learning to continuous search spaces［M］// Lecture Notes in Computer Science. Berlin, Heidelberg: Springer Berlin Heidelberg, 1998:418-427.

［75］Rudlof S, Köppen M. Stochastic Hill Climbing with Learning by Vectors of Normal Distributions ［C］// First Online Workshop on Soft Computing (WSC1). 1996:60-70.

［76］Tsutsui S, Pelikan M, Goldberg D E. Evolutionary Algorithm using Marginal Histogram Models in Continuous Domain［C］// Continuous Domain, Proc of the Genetic & Evolutionary Computation Conference Workshop Program. 2001: 230-233.

［77］Sato M A, Ishii S. On-line EM Algorithm for the Normalized Gaussian Network ［J］. Neural Computation, 2000, 12(2):407-432.

［78］Thierens D, Bosman P A N. Multi-objective mixture-based iterated density estimation evolutionary algorithms ［C］// Conference on Genetic and Evolutionary Computation. New York:ACM, 2001:663-670.

［79］Teytaud F, Teytaud O. On the Parallel Speed-Up of Estimation of Multivariate Normal Algorithm and Evolution Strategies［C］// Evoworkshops 2009 on Applications of Evolutionary Computing: Evocomnet, Evoenvironment, Evofin, Evogames, Evohot, Evoiasp, Evointeraction, Evomusart, Evonum, Evostoc, Evotranslog. 2009:655-664.

［80］Tamayo-Vera D, Bolufé-Röhler A, Chen S. Estimation multivariate normal algorithm with thresheld convergence[C]// Evolutionary Computation. IEEE, 2016:3425-3432.

[81]张建华. 适用于连续域多变量耦合问题的分布估计算法研究[D]. 兰州: 兰州理工大学, 2010.

[82]Duyan Z Y B. Adaptive learning algorithm based on mixture Gaussian background[J]. 系统工程与电子技术(英文版), 2007, 18(2):369-376.

[83]Zhong X, Li W. An Effective and Satisfactory PSRCMBOA(Pareto Strength Real-Coded Multi-objective Bayesian Optimization Algorithm)[J]. Journal of Northwestern Polytechnical University, 2007, 25(3):321-326.

[84]Sharp C, Dupont B. A Multi-Objective Real-Coded Genetic Algorithm Method for Wave Energy Converter Array Optimization[C]// ASME International Conference on Ocean. Offshore and Arctic Engineering, 2016:V006T09A027.

[85]Costa M, Minisci E. MOPED: A Multi-objective Parzen-Based Estimation of Distribution Algorithm for Continuous Problems[M]//Lecture Notes in Computer Science. Berlin, Heidelberg: Springer Berlin Heidelberg, 2003: 282-294.

[86]Robles V, Peña J M, Pérez M S, et al. Extending the GA-EDA Hybrid Algorithm to Study Diversification and Intensification in GAs and EDAs[C]// Proceedings of the 6th International Conference on Advances in Intelligent Data Analysis. New York:ACM, 2005:339-350.

[87]Igel C, Suttorp T, Hansen N. Steady-State Selection and Efficient Covariance Matrix Update in the Multi-objective CMA-ES[M]. Berlin: Springer Berlin Heidelberg, 2007.

[88]Zhang Q, Zhou A, Jin Y. RM-MEDA: A Regularity Model-Based Multiobjective Estimation of Distribution Algorithm[J]. IEEE Transactions on Evolutionary Computation, 2008, 12(1):41-63.

[89] Martí L, García J, Berlanga A. MB-GNG: Addressing drawbacks in multi-objective optimization estimation of distribution algorithms [J]. Operations Research Letters, 2011, 39(2):150-154.

[90] Wang Y, Xiang J, Cai Z. A regularity model-based multiobjective estimation of distribution algorithm with reducing redundant cluster operator [J]. Applied Soft Computing, 2012, 12(11):3526-3538.

[91] Borchani H, Bielza C, Martinez-Martin P, et al. Predicting the EQ-5D from the parkinson's disease questionnaire PDQ-8 using multi-dimensional bayesian network classifiers [J]. Biomedical Engineering Applications Basis & Communications, 2014, 26(01) :1-11.

[92] Cheng R, Jin Y, Narukawa K, et al. A Multiobjective Evolutionary Algorithm Using Gaussian Process-Based Inverse Modeling [J]. IEEE Transactions on Evolutionary Computation, 2015, 19(6):838-856.

[93] Martí L, García J, Berlanga A, et al. MONEDA: scalable multi-objective optimization with a neural network-based estimation of distribution algorithm [J]. Journal of Global Optimization, 2016, 66(4):729-768.

[94] Martí L, Mello H D D, Sanchez-Pi N, et al. SMS-EDA-MEC: Extending Copula-based EDAs to multi-objective optimization [C] // 2016 IEEE Congress on Evolutionary Computation. IEEE, 2016:3726-3733.

[95] Rastegar R, Meybodi M R. A Study on the Global Convergence Time Complexity of Estimation of Distribution Algorithms [M] // Lecture Notes in Computer Science. Berlin, Heidelberg: Springer Berlin Heidelberg, 2005: 441-450.

[96] Gao Y, Culberson J. Space Complexity of Estimation of Distribution Algorithms [J]. Evolutionary Computation, 2005, 13(1):125-143.

[97] Karshenas H, Santana R, Bielza C, et al. Continuous Estimation of

Distribution Algorithms Based on Factorized Gaussian Markov Networks[M]. Berlin: Springer Berlin Heidelberg, 2012:157-173.

[98]Santana R, Mendiburu A, Lozano J A. A review of message passing algorithms in estimation of distribution algorithms[J]. Natural Computing, 2016, 15(1): 165-180.

[99]徐鹏. 基于组合算法的多目标优化研究[D]. 哈尔滨:哈尔滨工程大学, 2013.

[100]Zhang Q. On the convergence of a factorized distribution algorithm with truncation selection[J]. Complexity, 2004,9(4):17-23.

[101]孙清. 基于影响网络和分布估计算法的空袭火力分配方法研究[D]. 长沙:国防科学技术大学, 2011.

[102]余娟. 分布估计算法研究及其在软硬件划分中的应用[D]. 西安:西北工业大学, 2015.

[103]Pelikan M, Hauschild M W, Lobo F G. Estimation of Distribution Algorithms [C]// International Workshop on Energy Minimization Methods in Computer Vision and Pattern Recognition, 2015:454-468.

[104]Martins M S R, Delgado M R B S, Lüders R, et al. Hybrid multi-objective Bayesian estimation of distribution algorithm: a comparative analysis for the multi-objective knapsack problem[J]. Journal of Heuristics, 2018, 24(1): 25-47.

[105]黄忠强. 多目标分布估计算法研究[D]. 厦门:厦门大学, 2016.

[106]Gong M, Jiao L, Cheng G, et al. Clustering-based selection for evolutionary multi-objective optimization [C]// IEEE International Conference on Intelligent Computing and Intelligent Systems. IEEE, 2009:255-259.

[107]Zhang J H. Rank weights computing of AHP judgement matrix using estimation of distribution algorithm [J]. Computer Engineering &

Applications，2010，46（27）:25-28.

［108］Seah C W，Ong Y S，Tsang I W，et al. Pareto Rank Learning in Multi-objective Evolutionary Algorithms［C］// 2012 IEEE Congress on Evolutionary Computation. IEEE，2012:1-8.

［109］Palakonda V，Mallipeddi R. Pareto Dominance-based Algorithms with Ranking Methods for Many-objective Optimization［J］. IEEE Access，2017，5:11043-11053.

［110］刘鎏，李敏强，林丹. 基于 ε-支配的多目标进化算法及自适应 ε 调整策略［J］. 计算机学报，2008，31(7):1063-1072.

［111］Ceberio J，Irurozki E，Mendiburu A，et al. A Distance-Based Ranking Model Estimation of Distribution Algorithm for the Flowshop Scheduling Problem［J］. IEEE Transactions on Evolutionary Computation，2014，18(2):286-300.

［112］Gao Y，Peng L，Li F，et al. Multiobjective Estimation of Distribution Algorithms Using Multivariate Archimedean Copulas and Average Ranking［C］//Wen Z，Li T. Foundations of Intelligent Systems. Berlin，Heidelberg: Springer，2014:591-601.

［113］Ceberio J，Irurozki E，Mendiburu A，et al. Extending distance-based ranking models in estimation of distribution algorithms［C］// Evolutionary Computation. IEEE，2014: 2459-2466.

［114］Emmerich M，Beume N，Naujoks B. An EMO Algorithm Using the Hypervolume Measure as Selection Criterion［M］// Lecture Notes in Computer Science. Berlin，Heielberg: Springer Berlin Heidelberg，2005: 62-76.

［115］Bader J，Zitzler E. Hype: An algorithm for fast hypervolume-based many-objective optimization［J］. Evolutionary Computation，2011，19(1):45-76.

［116］Fukunaga K，Hayes R R. Reduced Parzen classifier［J］. IEEE Transactions on Pattern Analysis & Machine Intelligence, 1989, 11(4):423-425.

[117]Rouhani M, Mohammadi M, Kargarian A. Parzen Window Density Estimator-Based Probabilistic Power Flow With Correlated Uncertainties [J]. IEEE Transactions on Sustainable Energy, 2016, 7(3):1170-1181.

[118]Aurenhammer, Franz. Voronoi diagrams—a survey of a fundamental geometric data structure [J]. Acm Computing Surveys, 1991, 23 (3): 345-405.

[119]Hug D, Kiderlen M, Svane A M. Voronoi-Based Estimation of Minkowski Tensors from Finite Point Samples[J]. Discrete & Computational Geometry, 2017, 57(3):545-570.

[120]李振华. 概率模型进化算法和基于偏好选择的多目标进化算法[D]. 广州:广东工业大学, 2013.

[121]Sabourin A, Naveau P. Bayesian Dirichlet mixture model for multivariate extremes: A re-parametrization [J]. Computational Statistics & Data Analysis, 2014, 71:542-567.

[122]江敏. 贝叶斯优化算法的若干问题研究及应用[D]. 上海:上海大学, 2012.

[123]向健. 基于规则模型的多目标分布估计算法研究[D]. 长沙:中南大学, 2011.

[124]刘烽. 基于多目标进化算法的流程工业生产调度问题研究[D]. 长沙:国防科学技术大学, 2009.

[125]Zwetsloot G I J M. Prospects and limitations of process safety performance indicators[J]. Safety Science, 2009, 47(4):495-497.

[126]Zitzler E, Deb K, Thiele L. Comparison of multiobjective evolutionary algorithms: empirical results[J]. Evolutionary Computation, 2000, 8(2): 173-195.

［127］Veldhuizen D A V，Lamont G B．Evolutionary Computation and Convergence to a Pareto Front［J］．Stanford University California，1998：221-228.

［128］Zitzler E，Brockhoff D，Thiele L．The Hypervolume Indicator Revisited：On the Design of Pareto-compliant Indicators Via Weighted Integration［C］// International Conference on Evolutionary Multi-Criterion Optimization．Berlin，Heidelberg：Springer，2007：862-876.

［129］Coello C A C，Luna F，Alba E．A Study of Convergence Speed in Multi-objective Metaheuristics［C］// Parallel Problem Solving from Nature - PPSN X，10th International Conference Dortmund，Germany，September 13-17，2008，Proceedings．Berlin Heidelberg：Springer Belin Heidelberg，2008：763-772.

［130］Corder G W，Foreman D I．Nonparametric Statistics for Non-Statisticians：A Step-by-Step Approach［M］．New Jersey：Wiley，2009.

［131］Derrac J，García S，Molina D，et al．A practical tutorial on the use of nonparametric statistical tests as a methodology for comparing evolutionary and swarm intelligence algorithms［J］．Swarm & Evolutionary Computation，2011，1(1)：3-18.

［132］Gehan E A．A Generalized Wilcoxon Test for Comparing Arbitrarily Singly-Censored Samples［J］．Biometrika，1965，52(1/2)：203-223.

［133］章毓晋．图像工程(上册)图像处理［M］．3 版．北京：清华大学出版社，2012.

［134］Hisham M B，Yaakob S N，Raof R A A，et al．Template Matching using Sum of Squared Difference and Normalized Cross Correlation［C］// 2015 IEEE Student Conference on Research & Development．IEEE，2016：100-104.

［135］You J，Bhattacharya P．A wavelet-based coarse-to-fine image matching scheme in a parallel virtual machine environment［J］．IEEE Transactions on

Image Processing, 2000, 9(9):1547-1559.

[136]刘琼,倪国强,周生兵. 图像配准中几种特征点提取方法的分析与实验[J]. 光学技术, 2007, 33(1):62-67.

[137] Li Z, Uemura A, Kiya H. An FFT-Based Full-Search Block Matching Algorithm with Sum of Squared Differences Criterion[J]. Ieice Transactions on Fundamentals of Electronics Communications & Computer Sciences, 2010, 93(10):1748-1754.

[138]史小雨. 基于 SIFT 特征和结构相似性的图像质量评价[D]. 大连:大连理工大学, 2013.

[139] Wang J, Liu Y. Characteristic Line of Planar Homography Matrix and Its Applications in Camera Calibration[C]// 18th International Conference on Pattern Recognition. IEEE, 2006:147-150.

[140]Fischler M A, Bolles R C. Random Sample Consensus:A Paradigm for Model Fitting with Applications To Image Analysis and Automated Cartography[J]. Communications of the Acm, 1987, 24(6):726-740.

[141]Kambhatla N, Leen T K. Dimension Reduction by Local Principal Component Analysis[J]. Neural Computation, 1997, 9(7):1493-1516.

[142]许霞. 改进的多目标分布式估计算法在水火电系统负荷分配的应用[D]. 西安:西安电子科技大学, 2013.

[143] Murdoch J, Barnes J A. Normal distribution[M]. Basingstroke:Palgrave Macmillan UK, 1973.

[144] Santana R, Bielza C, Larrañaga P, et al. Mateda-2.0:Estimation of distribution algorithms in MATLAB[J]. Amphibian Visual System, 2010, 35(7):v.

[145]Laumanns M, Zitzler E, Thiele L. On The Effects of Archiving, Elitism, and Density Based Selection in Evolutionary Multi-objective Optimization[C]//

Proceedings of the First International Conferece on Evolutionary Multi-Criterion Optimization. New York：ACM, 2001, 1993：181-196.

[146]靳铭,赵嵩正. 当代中国社会发展模式的选择与设计[J]. 西南师范大学学报(人文社会科学版), 2003, 29(4)：72-75.

[147]杨建科. 社会模式的选择与设计[J]. 教学与研究, 2011(3)：44-48.

[148]Darwin C. On the Origin of Species by Means of Natural Selection[J]. Quarterly Review of Biology, 1968, 71(1)：354-357.

[149]Reynolds R G. An Introduction to Cultural Algorithms[C]// Proceedings of the 3rd Annual Conference on Evolutionary Programming. San Diego, USA：World Scientific Publishing, 1994, 24：131-139.

[150]Reynolds R G, Chung C J. A self-adaptive approach to representation shifts in cultural algorithms[C]//. Proceedings of IEEE International Conference on Evolutionary Computation. IEEE, 2002：94-99.

[151]齐仲纪,刘漫丹. 文化算法研究[J]. 计算机技术与发展, 2008, 18(5)：126-130.

[152]郭一楠,王辉. 文化算法研究综述[J]. 计算机工程与应用, 2009, 45(9)：41-46.

[153]Reynolds R G, Peng B. Knowledge Learning and Social Swarms in Cultural Systems[J]. Journal of Mathematical Sociology, 2005, 29(2)：115-132.

[154]Reynolds R, Ali M. Embedding a social fabric component into cultural algorithms toolkit for an enhanced knowledge-driven engineering optimization[J]. International Journal of Intelligent Computing & Cybernetics, 2008, 1(4)：563-597.

[155]Sverdlik W. Dynamic version spaces in machine learning[C]// Proceedings Fourth International Conference on Tools with Artificial Intelligence. IEEE, 2002：308-315.

[156]Ray T, Liew K M. Society and civilization: An optimization algorithm based on the simulation of social behavior[J]. IEEE Transactions on Evolutionary Computation, 2003, 7(4):386-396.

[157]Jin X, Reynolds R G. Using knowledge-based evolutionary computation to solve nonlinear constraint optimization problems: a cultural algorithm approach [C]// Proceedings of the 1999 Congress on Evolutionary Computation-CEC99 (Cat. No. 99TH8406). IEEE, 2002: 1672-1678 .

[158]Reynolds R G, Saleem S M. Knowledge-based solution to dynamic optimization problems using cultural algorithms[J]. Dissertation Abstracts International, Volume: 62-03, Section: B, page: 1468. ; Adviser: Robert G. Rey, 2012.

[159]Iacoban R, Reynolds R G, Brewster J. Cultural swarms: modeling the impact of culture on social interaction and problem solving[C]// Proceedings of the 2003 IEEE Swarm Intelligence Symposium. SIS'03 (Cat. No. 03EX706). IEEE, 2003:205-211.

[160]Becerra R L, Coello C A C. Culturizing differential evolution for constrained optimization[C]// Proceedings of the Fifth Mexican International Conference in Computer Science, 2004. ENC 2004. IEEE, 2004:304-311.

[161]Becerra R L, Coello C A C. Solving Hard Multiobjective Optimization Problems Using ε-Constraint with Cultured Differential Evolution [C]// Parallel Problem Solving From Nature - PPSN Ix, International Conference, Reykjavik, Iceland, September 9-13, 2006, Proceedings. New York: ACM, 2006:543-552.

[162] Hochreiter R, Waldhauser C. Revolutionary Algorithms[EB/OL]. 2014: arXiv:1401. 4717. http://arxiv. org/abs/1401. 4717.

[163]吴恩远. 十月革命:必然性、历史意义和启迪[J]. 世界历史, 1997(5):

11-21.

[164]王寿林. 十月革命对中国的影响研究[J]. 观察与思考, 2017(4):5-18.

[165]Lobo F G. Towards automated selection of estimation of distribution algorithms [C]// Conference Companion on Genetic and Evolutionary Computation. New York:ACM, 2010:1945-1952.

[166]Shahab R. Comparative analysis of multiobjective evolutionary algorithms for random and correlated instances of multiobjective d-dimensional knapsack problems[J]. European Journal of Operational Research, 2011, 211(3): 466-479.

[167]Zeng S Y, Ding L X, Kang L S. Solving A Kind of High Complexity Multi-Objective Problems by A Fast Algorithm[J]. 武汉大学学报(自然科学英文版), 2003, 8(S1):183-188.

[168]Zhang Q, Sun J, Tsang E, et al. Hybrid estimation of distribution algorithm for global optimization[J]. Engineering Computations:Int J for Computer-Aided Engineering, 2004, 21(1):91-107.

[169]Hosmer D W, Lemeshow S. Wiley Series in Probability and Statistics[M]. New Jersey:John Wiley & Sons Inc. , 2005:393-401.

[170]Chum O, Matas J. Optimal randomized RANSAC[J]. IEEE Transactions on Pattern Analysis & Machine Intelligence, 2008, 30(8):1472-1482.

[171]Cupec R, Nyarko E K, Kitanov A, et al. RANSAC-Based Stereo Image Registration with Geometrically Constrained Hypothesis Generation [J]. Automatika, 2009, 50(3):195-204.

[172]Ou Q, Xiong B, Zhang H, et al. Classified Scale-Invariant Feature Transform Feature Based Elastic Image Registration for 2-DE Gels[J]. Journal of Medical Imaging & Health Informatics, 2015, 5(4):855-861.

[173]Cheng C M, Lai S H. A consensus sampling technique for fast and robust

model fitting[J]. Pattern Recognition, 2009, 42(7):1318-1329.

[174] Scherer-Negenborn N, Schaefer R. Model Fitting with Sufficient Random Sample Coverage[J]. International Journal of Computer Vision, 2010, 89 (1):120-128.

[175] Zhao Y, Hong R, Jiang J. Visual summarization of image collections by fast RANSAC[J]. Neurocomputing, 2016, 172:48-52.

[176] 田俊. 大足石刻造像的数字化保护[D]. 重庆:重庆师范大学, 2014.

[177] 陈元洪. 国之瑰宝大足石刻——重庆大足石刻艺术博物馆见闻录[J]. 统一论坛, 2005(2):59-61.

[178] 郭相颖. 大足石刻研究文集.2[M]. 重庆:重庆出版社, 1997.

[179] 佚名. 为了文明的永续[J]. 重庆与世界, 2005(5):2-3.

[180] 李小强, 龙小帆, 杨光宇. 石窟艺术的最后丰碑[J]. 检察风云, 2013 (24):94-95.

[181] 彭冬梅, 潘鲁生, 孙守迁. 数字化保护——非物质文化遗产保护的新手段 [J]. 美术研究, 2006(1):47-51.

[182] 王海燕, 黄永文. 数字图像修复技术——大足石刻数字化保护与传播的基础[J]. 天津美术学院学报, 2016(8):64-70.

[183] 姜璐. 大足石刻国际研究文献综述[J]. 收藏界, 2019(6):79-82.

[184] Mühlenbein H, Mahnig T. Convergence Theory and Applications of the Factorized Distribution Algorithm[J]. Journal of Computing & Information Technology, 1999, 7(1):19-32.

后　记

《新一代人工智能发展规划》(国发[2017]35号)提出面向 2030 年的我国新一代人工智能发展的指导思想、战略目标、重点任务和保障措施,部署构筑我国人工智能发展的先发优势,加快建设创新型国家和世界科技强国。作为相关领域的研究人员,即使是萤火之光,我们也应该为祖国未来的科技智造蓝图做出贡献。为此,我们在研究多目标优化问题建模和算法设计的过程中,也为生产实践中面临的多目标优化工作略尽了绵薄之力。

在科研道路跋涉的过程中,除了自身的不懈奋斗,所取得的成果更离不开两位导师的无私帮助。

感谢我的博士生导师重庆大学何中市教授带领我进入科研的世界。恩师渊博的学术知识和严谨的学术态度是我科研路上学习的榜样;诚实正直的人品和谦逊朴实的处事风格教会了我怎么做一个品格高尚的人;诲人不倦的敬业精神和忘我的工作热情让我敬佩,是我这一生要努力成为的人。

感谢我的博士生副导师重庆大学陈自郁女士在课题开题、实验验证和成果投稿等过程给予我耐心细致的指导。

本书能够顺利完成并出版更离不开相关单位和人员的支持。

感谢重庆市科技局资助的基础研究与前沿探索项目(cstc2018jcyjAX0287),使得我的研究工作得以进一步顺利开展。

感谢重庆理工大学科研启动基金(2019ZD03)的资助,张建勋院长及学院相关领导的支持,使我小小的研究成果能够呈现在更多专家、学者面前。

感谢重庆大学出版社的鼎力支持及相关工作人员在编辑、校对、审定和出版过程中严谨的工作。

感谢四川美术学院王海燕博士在大足石刻图像数据上的支持,重庆理工大学肖诗川硕士和高进学士在系统开发过程中的协助。

感谢背后默默支持我从事科研工作的家人们。

感恩所有!

石美凤

二〇二二年春

于重庆理工大学花溪校区